エンジニア入門シリーズ

基本から学ぶ
マイクロ波ワイヤレス給電
回路設計から移動体・ドローンへの応用まで

［著］

嶋村 耕平

松倉 真帆

菅沼 悟

溝尻 征

科学情報出版株式会社

序　文

　本書はマイクロ波ワイヤレス給電を用いた飛翔体への応用の入門書として、マイクロ波ワイヤレス給電の基本事項から、送信回路・送受電アンテナ・整流回路の設計を解説し、飛翔体への給電事例を紹介する。ここ10年ほどの間にワイヤレス給電という言葉が世間一般に広く認知されるようになった。特にドローンの登場がこの分野に新たな次元をもたらし、マイクロ波給電との組み合わせは、これまで以上に注目を浴びていると認識している。一方でワイヤレス給電という分野をネイティブとした研究者の絶対数はそれほど多くないため、入門・解説書から得られる情報は限られ、先行する学術論文や関連する学位論文から断片的に仕入れるなど、著者らも経験したが色々と不便である。また、著者らが本書で紹介するような研究を発表して以降、日本のみならず海外も含めて、企業や研究者から興味はあるがどのように始めるべきなのか、そもそもマイクロ波ワイヤレス給電とは何かという質問が多く寄せられた。

　本書はその点に注目し、マイクロ波ワイヤレス給電を飛翔体に応用するための必要な理論だけでなく、実践の観点からも将来性と実現性を含め、これらの質問に答える形で解説している。これらは大学4年生の卒業研究や、異なる分野の人も含めて、これから企業で取り組まれる方など初心者が初めて行う際に極めて必要な知識であり、本書はこのために書かれたものであると考えて良い。また本書の第7章では、マイクロ波ワイヤレス給電の限界を突破するために周波数と電力の観点でcutting edgeの技術を記述しており、現在第一線で活躍しているベテランの研究者にとっても十分に有用なものであると思われる。

　マイクロ波ワイヤレス給電には多岐にわたる知識が必要である。浅学の筆者がこの書籍を通じてすべてを網羅したとは言えない。本書はあくまで一つの出発点として位置づけるべきであり、不足している部分については、今後、先輩方からの貴重な意見や指導を受けて補完していくことを願っている。

❋ 序文

　本書の出版に関して数々のご助力をいただいた出版社の水田浩世、山川将輝氏には深く感謝の意を表する。

著者を代表して
嶋村 耕平

目　　次

序文

1章　マイクロ波ワイヤレス給電
　　　〜Historyと最新の研究〜

1.1　はじめに･･････････････････････････････3
1.2　マイクロ波ワイヤレス給電のこれまでの歴史・研究 ････････････7
1.3　要素技術の発展の歴史 ････････････････････ 12
1.4　近年の研究開発動向 ･･･････････････････ 16
1.5　各周波数帯域に対する身の回りの電磁波利用 ･････････････ 18
参考文献･･･････････････････････････････ 20

2章　マイクロ波ワイヤレス給電の基礎

2.1　空間中の電磁波の伝播 ･･･････････････････ 25
2.2　電磁波の伝播手段と伝播モード ･･････････････ 27
　2.2.1　導波管（WG: Wave Guide）････････････ 27
　2.2.2　同軸ケーブル ･･････････････････ 29
　2.2.3　高周波伝送路 ･･･････････････････ 30
2.3　伝送線路理論 ･･････････････････････ 33
2.4　λ/2, λ/4 線路 ･･･････････････････････ 36
2.5　Sパラメータ ･････････････････････････ 38
参考文献･･･････････････････････････････ 40

－ⅴ－

3章 マイクロ波源の設計

3.1 マイクロ波電源の全体概要 ・・・・・・・・・・・・・・・・・・・・・・・・・ 43

3.2 増幅回路の電力利得 ・・・・・・・・・・・・・・・・・・・・・・・・・・・・・・ 45

3.3 ドレイン効率と電力付加効率（PAE）・・・・・・・・・・・・・・・・・ 47

3.4 小信号利得（線形領域）と大信号利得（非線形領域）、
　　 P1dB と P3dB ・・・・・・・・・・・・・・・・・・・・・・・・・・・・・・・・・ 48

3.5 マイクロ波増幅回路における
　　 増幅素子の周波数特性と最大可能出力 ・・・・・・・・・・・・・・ 50

3.6 マイクロ波増幅回路のトレンドとベンチマーク ・・・・・・・・・ 52

3.7 マイクロ波電源のシステム要件と設計構想・・・・・・・・・・・・ 56

3.8 異常発振と K 値 ・・・・・・・・・・・・・・・・・・・・・・・・・・・・・・・ 61

3.9 最大有能電力利得 ・・・・・・・・・・・・・・・・・・・・・・・・・・・・・・ 63

3.10 増幅回路の動作モード ・・・・・・・・・・・・・・・・・・・・・・・・・・ 65

3.11 ソースプルとロードプル ・・・・・・・・・・・・・・・・・・・・・・・・・ 68

3.12 多段増幅回路の設計方法 ・・・・・・・・・・・・・・・・・・・・・・・・ 70

3.13 DC バイアス線路 ・・・・・・・・・・・・・・・・・・・・・・・・・・・・・・ 73

3.14 増幅回路全体でのインピーダンス整合回路の設計 ・・・・・・・ 75

3.15 具体的なマイクロ波電源の設計手順・・・・・・・・・・・・・・・・・ 78

参考文献 ・・・ 82

4章 マイクロ波ワイヤレス給電の受電側回路設計
　　　 ～アンテナ～

4.1 電気ダイポールとダイポールアンテナ ・・・・・・・・・・・・・・・ 90

4.2 アンテナの評価指標 ・・・・・・・・・・・・・・・・・・・・・・・・・・・・ 93

　　 4.2.1 放射パターンと利得（Gain）・・・・・・・・・・・・・・・・ 93

　　 4.2.2 実効面積（Effective area）・・・・・・・・・・・・・・・・・ 96

　　 4.2.3 偏波 ・・・・・・・・・・・・・・・・・・・・・・・・・・・・・・・・・・ 97

4.3 アンテナの遠方界放射 ・・・・・・・・・・・・・・・・・・・・・・・・・・ 99

4.4　開口面アンテナ ･････････････････････････････････101

4.5　マイクロストリップアンテナ（MSA）･･････････････102

　　4.5.1　28 GHz パッチアンテナの設計手順例 ･･････････105

4.6　アレイアンテナの設計 ････････････････････････････110

　　4.6.1　4.5.1 節の単体アンテナの 4 素子アレイ化 ･･･････112

参考文献 ･･113

5章　マイクロ波ワイヤレス給電の受電側設計
　　　〜整流回路〜

5.1　理論 RF-DC 変換効率 ････････････････････････････119

5.2　シングルシリーズ・シングルシャント整流回路 ･･････122

5.3　28 GHz 動作の F 級負荷整流回路の設計製作 ･････････124

5.4　整流回路の性能評価 ･･････････････････････････････128

5.5　アンテナとの統合 ････････････････････････････････130

参考文献 ･･131

6章　飛翔体への給電実験

6.1　飛翔体へのワイヤレス給電の歴史 ･･････････････････135

6.2　回転翼 UAV へのワイヤレス給電における
　　28 GHz の優位性（2020 年時点）･･･････････････････139

6.3　菅沼らによる飛行デモンストレーション実験と効率解析 ･･････141

　　6.3.1　送電系・追尾システム ･････････････････････141

6.4　受電レクテナ ････････････････････････････････････144

　　6.4.1　アンテナ ･･･････････････････････････････144

　　6.4.2　整流回路 ･･･････････････････････････････146

6.5　UAV 制御系 ･････････････････････････････････････148

6.6　送受電効率の解析式 ･･････････････････････････････150

　　6.6.1　ガウシアンビームとビーム収集効率 η_{beam} ･･････151

－ VII －

6.6.2 捕集効率 η_{cap} ·············· 153

6.6.3 透過効率 η_{tra} ·············· 153

6.7 飛行デモンストレーション結果 ·············· 154

6.8 慶長・茂呂らによる飛行デモンストレーション実験 ·········· 159

6.8.1 受電アンテナ：16アレーパッチアンテナ ·········· 159

6.8.2 UAV制御：PI・PID制御の導入 ·············· 160

6.8.3 飛行デモンストレーション実験結果 ·········· 160

6.9 UAVへのワイヤレス給電の実現可能性 ·············· 166

6.9.1 5.8 GHz・28 GHzの解析効率比較 ·············· 166

6.9.2 バッテリー性能との比較（2020年時点） ·········· 172

参考文献 ·············· 175

7章　未来のワイヤレス給電

7.1 超高周波ワイヤレス給電 ·············· 181

7.2 大電力ワイヤレス給電 ·············· 207

7.2.1 大電力ワイヤレス給電で用いる発振源 ·········· 207

7.2.2 立体型の整流管 ·············· 210

参考文献 ·············· 213

索引 ·············· 220

1章

マイクロ波ワイヤレス給電
～Historyと最新の研究～

1.1　はじめに

　ワイヤレス給電技術は、導体接触を必要とせず、電界結合や磁界結合、電磁波伝搬によって電力を送ることが出来る革新的な手法である。この技術は、コードレス化による利便性や空間デザイン性の向上を可能にするだけでなく、移動体や飛行体への電力供給など、生活様式自体に大きな変革をもたらす技術である。

　まずはワイヤレス給電方式の分類に関して簡単に紹介していく（図1-1）。ワイヤレス給電の方式は大別すると近接結合型（非放射型）と空間伝送型（放射型）の２種類に分かれる。

　近接結合型は空間伝送型と比較して伝送効率が高い一方で伝送距離は

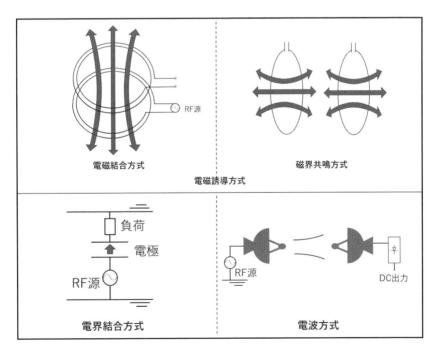

〔図1-1〕ワイヤレス給電の方式

短いといった特徴がある。近接結合型の細かい分類は研究者のバックグラウンドによって若干の差があるが、本書においてはコイルを用いた磁界によるファラデーの電磁誘導の法則に基づいた電磁誘導方式と電界の結合を利用した電界結合方式とに分類し、簡単に説明する。詳細は同出版社から出ている「電界磁界結合型ワイヤレス給電技術」を参考にされたい。

　電磁誘導方式は2つのコイルを利用して、一方のコイル（送電側）に交流電流を流して発生させた交流磁界が、もう一方のコイル（受電側）を通過することで、受電側に電流を発生させ電力を伝送する。数mm-10 cm程度の近距離送電に対して70-90%と高い伝送効率を誇る。更にキャパシタも合わせて接続することで数cm-数mという伝送距離に対し40-60%程度の伝送効率を持つ。

　電界結合方式はキャパシタのような金属板を用いて伝送を行う方式である。2つの電極に対し、一方の電極（送電側）に電圧を印加し帯電させると、もう一方の電極（受電側）には逆の極性の電荷が引き寄せられる。交流電圧を印加することで交流電流が発生し、電力が伝送される。送電距離は通常の電磁誘導方式と同程度の数mm-数cmであるが、水平面での軸ずれの影響を受けにくいというメリットがある。

　空間伝送型は電力を電波として放射し伝送する方式である。電力を送る側である送電側では、商用電源や発電機からの電力を発振源で電磁波（RF（Radio Frequency））に変換し、発振源に接続した送電アンテナから電波を放射する。一方電力を受け取る側である受電側では、受電アンテナによって放射されてくる空間中のRFを捕集し、整流回路を通じてアプリケーションに電力供給するための直流電力に変換する。このアンテナと整流回路を併せて "レクテナ（rectifying antenna）" と呼び、一体として設計することが一般的である。電磁波による電力伝送を行うため、非放射型と比較して長距離である数十km規模の伝送が可能である。また、マイクロ波方式は送電側から受電側に向けての空間電力伝送の他に、21世紀に入り携帯電話や無線LANの利用が急速に普及したことで増加した生活環境に漂う非電離の弱い電磁波を回収して利用するエネルギー

ハーベスティングでの応用も盛んに研究されている。

　空間伝送型のうち、目安として数 THz までをマイクロ波方式、大体 3 THz-3000 THz の範囲でレーザー光による空間放射を行う場合はレーザー方式と分類される。光も電磁波の一種であるが、電波方式がアンテナを用いて送受電を行い、整流回路を通じてアプリケーションで利用可能な直流に変換するのに対し、レーザー方式では、受電側で光電変換素子を用いて光エネルギーを電気エネルギーに変換する。マイクロ波方式と比較して更に高周波になるためビームの広がり角が小さく、長距離に対して高電力密度での電力伝送を行うことができ、回路の小型化が可能である。周波数が高いため地上では大気減衰が大きく、一般的には宇宙での利用を想定して研究が進められている。

　本書では、初学者がマイクロ波ワイヤレス給電方式を用いて全体システムを設計出来るように構成されている。システム全体概要を図1-2に示した。まずマイクロ波ワイヤレス給電の歴史と最近の研究動向、及び社会的動向に関して述べる（第1章）。続いてワイヤレス給電を用いるにあたり知っておくと便利な基本事項に関して概説する（第2章）。次

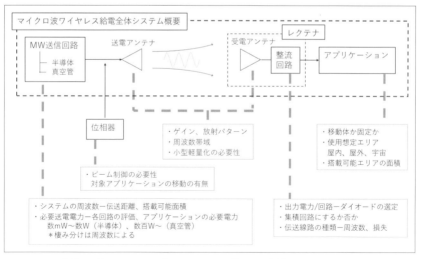

〔図1-2〕マイクロ波ワイヤレス給電の全体システム概要

に伝送システムにおけるマイクロ波電源の設計（第3章）、送受電アンテナに関する設計（第4章）、アンテナとアプリケーションの接続回路である整流回路の設計（第5章）、実用上必要となる追尾技術及び飛翔体へのシステム設計事例（第6章）、最後に未来のワイヤレス給電に関する展望（第7章）という流れで展開していく。尚、ワイヤレス給電の名称に関しては、無線給電であったり無線電力伝送であったりと多くの呼称があるが、本章ではワイヤレス給電とする。

1.2 マイクロ波ワイヤレス給電のこれまでの歴史・研究

　ここでマイクロ波ワイヤレス給電に焦点を当ててワイヤレス給電の歴史を紹介する。代表的な実験研究に関して横軸に西暦をとって図1-3にまとめた。ワイヤレス給電の始まりは N. Tesla による、「情報や電力は導線を使用せずにどんな距離でも送ることができる」という概念の提唱であった。Tesla は20世紀初頭の1900年頃には、地球上のあらゆる地点にワイヤレスで電力を送る「世界システム」と呼ばれる構想を持ち、実際にウォーデンクリフタワー（Wardenclyffe Tower）を建造していた。しかし、ウォーデンクリフタワーから周波数 150 kHz の電磁波 150 kW を放射する実験を行ったものの実用には至らず、財政的支援が打ち切られてしまう [1]。Tesla の失敗を受け、その後無線通信やリモートセンシングといった情報通信技術の発展に時流が移ることとなる。次にワイヤレス伝送実験が報告されたのは約30年後となる1926年、八木宇田アンテナの名称の元となる八木氏と宇田氏による日本で最初の伝送実験で

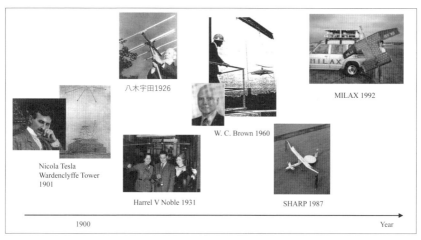

〔図1-3〕ワイヤレス給電の歴史（〜2000年）[1]-[4], [6], [15]

あった。続く 1931 年頃には米国の Harrel V. Noble らによる周波数 100 MHz、送電電力 1.5 kW、伝送距離 5-10 m のワイヤレス電力伝送のデモンストレーションが行われた [2]。しかし、その後目立った研究成果はなく、再びワイヤレス伝送に注目が集まるのは更に 30 年後となる第 2 次世界大戦後であった。その頃には高周波利用が進むに伴いマイクロ波技術が発展を見せており、送電側の技術が整いつつあった。1960 年代になると、現在でも非常に重要なベンチマークとして有名な W. C. Brown らによる研究成果が発表された。1963 年には屋内での空間伝送を行い、総合伝送効率 54 % といった成果を得た。更に翌年、周波数 2.45 GHz のマイクロ波が 2.4 kg の小型無人ヘリコプターに照射され、ヘリコプターに取り付けたレクテナで直流電力 270 W を受電した。ヘリコプターは高度 20 m まで上昇したのち、約 10 時間程度高度を維持したという画期的な結果を発表した [3]。Brown がマイクロ波を用いて地上から宇宙空間に飛行体を打ち出すことに夢を抱いていたのに対し、P. Glaser は逆に宇宙空間から地上にマイクロ波伝送を行うことに夢を抱いた。宇宙で太陽光発電を行い、天候にも日照時間にも影響を受けることなく、一年を通して莫大なエネルギーをマイクロ波やレーザー光によって地上に送電するという宇宙太陽発電（Solar Power Satellite System）のベースとなる構想を 1973 年に提案した。宇宙太陽光発電は静止軌道上に打ち上げた衛星で太陽光発電を行い、地上へ送電するシステムである。地上送電システムとして空間ワイヤレス電力伝送を使用することが想定されている。地表から想定されている静止軌道までは 36,000 km あるため、長距離伝送に適したマイクロ波や光レーザーが適している。宇宙太陽光発電の発電効率は地上での太陽光発電より約 10 倍高くなることが期待され、発電衛星 1 基で原発 1 基分に相当する 1 GW の発電を目標としている。

　しかし、ワイヤレス給電技術の商用化が進まず、アメリカでの研究は下火となってしまう。そんな中で 1984 年には、再び Brown らによる屋外での長距離ワイヤレス給電実証実験が行われ、2.388 GHz のクライストロンから 450 kW をパラボラアンテナから照射し、1.54 km 離れたレ

クテナへ送電、直流電力にして 30 kW を受電した。カナダでは 1987 年、SHARP（Stationary High Altitude Relay Platform）実験と称して重量 4.1 kg、全長 2.9 m、翼長 4.5 m の模型飛翔体の翼部分にレクテナを貼り付け、周波数 2.45 GHz のマイクロ波をマグネトロンから約 10 kW 放射し、機械的なパラボラアンテナの制御によりビーム制御を行った [4]。レクテナから約 150 W の直流電力の取得を得て、模型飛翔体は高度 150 m を飛翔したという結果を得た。またこの 1980 年代と 1990 年代は京都大学の松本教授らによるグループが中心となり、MINIX（Microwave Ionosphere Nonlinear Interaction eXperiment）など日本でもワイヤレス空間伝送分野において著名な実験が数多く行われ、大きく実証実験が進んだ [5]。この頃のワイヤレス空間伝送分野の目指すところは SSPS のみであったと言っても過言ではない。その中でも、1992 年には京都大学が中心となり神戸大学や現 NICT の協力の元、地上 10 m の飛翔体に 120 個の受電素子を貼り付けて給電を行う MILAX（MIcrowave Lifted Airplane eXperiment）と呼称される飛行実験を行った。この実証実験では位相制御によるビームコントロールが行われ、最大で 88 W の直流を給電することに成功した [6]。また、1995 年には神戸大学と CRL が中心となり ETHER（Energy Transmission toward High altitude long Endurance Experiment）実験が行われた。上空 35-45 m に停滞する飛行船に 1200 個の素子からなる 3 m × 3 m サイズのレクテナを取り付け、50 m の伝送が行われた [7]。このように飛翔体への伝送実験も盛んになった背景には、SSPS の前段として成層圏無線中継機システムへの給電をターゲットとしたところにある。1990 年代後半から 2000 年代初頭にかけ、韓国でもマイクロ波ワイヤレス給電の研究が進むなど更に伝送実験の規模は大きく、また民間への広がりを見せる。NASA とテキサス A&M 大学がワイヤレス給電の公開デモンストレーションを行い、メディアや一万人以上の民間人が見守る中でのパイロット信号を利用したレトロディレクティブ制御を行ったビーム追尾を行った [8]。2001 年には韓国の KERI による 2.3 kW を 50 m 離れた地点に伝送し、2016 個の素子で直流出力 1.02 kW を得る伝送実験が行われた [9]。2008 年には神戸大学とテキサス

- 9 -

A&M 大学の共同で、ハワイ島とマウイ島の山頂同士を結ぶ 150 km 規模の伝送実験が行われ、アメリカのディスカバリーチャンネルで放映された [10]。

更に 2010 年以降、磁気共鳴方式の実用化と各国の政治的支援が具体化してきたことを受け、国際的にマイクロ波給電の研究が活発化した。2014 年には四川大学の C. Liu 教授グループにより、4.5 m の 2.45 GHz マイクロ波給電実験を行い、7.1 W の出力電力を得た [9]。2015 年、京都大学と三菱重工によってマイクロ波帯の 5.8 GHz で 10 kW を送電し、地上約 500 m 先で LED を点灯するワイヤレス給電の実証実験が行われた [11]。また 2018 年には、筑波大学によりマイクロ波ワイヤレス給電で最高周波数である 303 GHz での 3 m の伝送実験が行われた [12]。伝送電力及び伝送効率は低い値となったが、長距離伝送に向けた可能性を示唆した。同年、中国では宇宙太陽発電所を建設することを目的に中国 SPS 推進委員会が設立された。中国では重慶に敷地面積 130,000 m^2、総投資額が 3000 万ドルを超える大規模の SPS 実験基地の設立プロジェクトを打ち立てた [13]。2019 年、日本で飛行ドローンへの給電が行われ、ワイヤレス給電のみの電力による飛行には電力が不十分であったことを受け研究は継続中である。同年韓国ではアメリカと共同で、フレキシブル

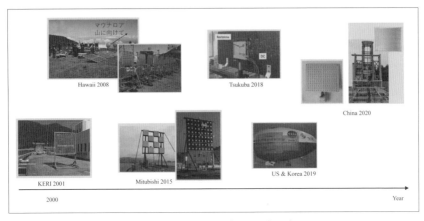

〔図 1-4〕ワイヤレス給電の歴史（2000 年～）[9]-[12], [14]

回路膜のレクテナアレイシートを用いた飛行船に対して 10 GHz の電力伝送実験を行った [14]。また、1.5 kW を送電出来る GaN MMIC ベースの送電器も開発中である。2020 年、中国武漢では 35 GHz のミリ波を約 300 m 伝送する実験が行われた [9]。（飛翔体実験のより詳しい歴史的背景は第 6 章を参照されたい。）

　本節ではマイクロ波ワイヤレス給電の特に著名な歴史的な研究を紹介した。100 年以上昔から構想されてきたワイヤレス給電の研究は、他分野の発展を受けて国際的な動きを見せている。近年でも追いきれないくらい盛んな研究が行われているため、本節で紹介出来たものはほんの一部となっていることをご容赦願いたい。

1.3 要素技術の発展の歴史

　システム全体の実証実験以外に、受電側素子であるレクテナの要素技術の発展に関して代表的なものを紹介する。特にレクテナの中心となる整流回路のRF-DC変換効率に関して、開発研究の進んでいる物の中から効率の高いものをピックアップし、周波数ごとに並べたものを図1-5と表1-1、表1-2に示す。

　マイクロ波帯では多くの研究が古くから行われ、特に1977年にして周波数2.45 GHzにおいてRF-DC変換効率90.5 %をレポートしたBrownらの記録は、その後2022年の伊藤らによるRF-DC変換効率91.1 %の報告まで、ワールドレコードであり続けた [16][17]。また2002年に同じくマイクロ波帯で83 %のRF-DC変換効率を報告したChangらは、ミリ波帯整流回路に関しても著名な論文を執筆している [18]。

　10-35 GHz帯においては、マイクロ波ワイヤレス給電及び集積回路技術の発展に伴い、2010年代にかけて盛んに研究が行われた [19]-[21]。

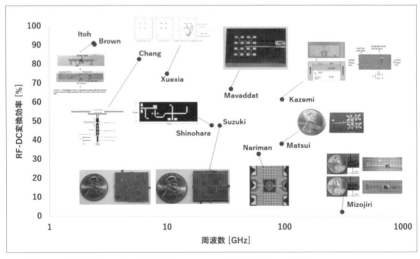

〔図1-5〕整流回路の周波数とRF-DC変換効率の関係 [12], [16]-[26]

ミリ波帯の整流回路素子に対する高効率化の研究も進められており、2015 年にはカナダの Hemour らが I-SWARM micro-robot への適用を目指し、94 GHz のレクテナの製作を行った。くしくもオーバーエッジングによりマッチング周波数がシミュレーション設計時よりも低下し、共

〔表 1-1〕先行研究のまとめ

参考文献	W.Brown [16]	K.Itoh [17]	K.Chang [18]	Y.Xuexia [19]	N.Shinohara [20]	M.Suzuki [21]
投稿年	1977	2022	2002	2008	2013	2018
周波数	2.45 GHz	2.4 GHz	5.8 GHz	10 GHz	24 GHz	28 GHz
伝送線路	－	マイクロストリップライン	コプレーナストリップライン	マイクロストリップライン	マイクロストリップライン	マイクロストリップライン
基板種類	－	ガラスエポキシ（Megtron7）	テフロン（Duroid5870）	－	GaAs集積回路	テフロン（Dicrad880）
アンテナと整流回路の構成	半波長ダイポールアンテナ	折り返しダイポールアンテナ	半波長ダイポールアンテナ	パッチアンテナ	整流回路単体（F 級）	パッチ
アンテナダイオード（※ SBD：ショットキーバリアダイオード）	GaAs SBD	GaAs SBD	GaAs SBD（MA4E1317）	SBD（HP8202）	GaAs MMIC	GaAs SBD（MA4E1317）
アンテナ利得	－	2.4 dBi	17.6 dBi	－	－	9.0 dBi
ワイヤレス給電実験に用いた発振源	発振器+TWTアンプ	－	信号発生器+パワーアンプ	－	－	ジャイロトロン
発振源出力電力	10 W	－	6.3 W	8.1 W	－	52.9 kW
レクテナで整流されたDC 電力	150 mW	1.44 W	40.6 mW	74.5 mW	100.6 mW	1.05 W
RF-DC変換効率	90.5 %	91.1 %	82.7 %	75 %	47.9 %	47.7 %
負荷抵抗	100 Ω	※ 505 Ω	310 Ω	200 Ω	120 Ω	130 Ω
レクテナ面積 [mm²]	－	－	－	－	1 × 3 mm	10 × 20 mm
レクテナ電力密度（DC 電力 / レクテナ面積）[kW/m²]	－	－	－	－	－	0.857

振周波数は 90 GHz となったが、RF-DC 変換効率は入力電力 3 dBm に対して 37.7 %、設計周波数である 94 GHz では 32.3 % という結果を得ている [22]。また、94 GHz では他にも多くの回路が研究され、これは周波数特性として周辺の周波数に比較して大気の透過率が高い「大気の窓」

〔表 1-2〕先行研究のまとめ 2

参考文献	A.Mavaddat [23]	M.Nariman [24]	H.Kazemi [25]	K.Matsui [26]	S.Mizojiri [12]
投稿年	2015	2016	2022	2018	2018
周波数	35 GHz	60 GHz	95 GHz	94 GHz	303 GHz
伝送線路	マイクロストリップライン	－	マイクロストリップライン	マイクロストリップライン	マイクロストリップライン
基板種類	テフロン基板 (Duroid5880)	－	GaN 集積回路	テフロン基板 (NPC-F220A)	テフロン基板 (NPC-F220A)
アンテナと整流回路の構成	4×4アレーパッチアンテナ＋整流回路	グリッドアンテナ	整流回路単体	4×4アレーパッチアンテナ＋整流回路	パッチアンテナ＋整流回路
整流ダイオード（※ SBD：ショットキーバリアダイオード）	GaAs SBD (MA4E1317)	CMOS	GaN nano Schottky	GaAs SBD (MA4E1310)	GaAs SBD (MA4E1310)
アンテナ利得	19 dBi	－	－	－	8.32 dBi
ワイヤレス給電実験に用いた発振源	信号発振源	－	半導体発振源	半導体発振源	ジャイロトロン
発振源出力電力	～ 100 mW	－	0.09 W	～ 0.4 W	33.4 kW
レクテナで整流されたDC 電力	7 mW	1.22 mW	5.7 mW	39 mW	17.1 mW
RF-DC変換効率	67 %	32.8 %	61.5 %	38 %	2.17 %
負荷抵抗	1000 Ω	1000 Ω	240 Ω	130 Ω	130 Ω
レクテナ面積 [mm^2]	22 × 42 mm	－	1.58 mm^2	3.6 × 5.0 mm	1.0 × 5.0 mm
レクテナ電力密度（DC 電力 / レクテナ面積）[kW/m^2]	0.005	－	3.61	2.38	3.43

- 14 -

であることに由来する。図 1-5 からも分かるように高い周波数になるほど RF-DC 変換効率が低下すると言われ、実際サブミリ波帯で RF-DC 変換効率 40 % がベンチマークとされるような中で [23][24]、2021 年にアメリカの H. Kazemi らが周波数 95 GHz で RF-DC 変換効率 61.5 %、レクテナ電力密度 3.61 kW/m^2 という非常に高い RF-DC 変換効率の回路を発表した。整流回路に搭載するダイオードとして、GaN をベースとしたナノショットキーバリアダイオードを使用しており、ダイオードの性能としては入力電力をまだ高くすることが可能であることが報告されている [25]。

1.4 近年の研究開発動向

さて、ワイヤレス給電の大きな歴史的な流れに関しては前述した通りである。本節ではここ10年ほどの研究動向に関して紹介する。

スペースパワーテクノロジーズ（SPT）は、名古屋工業大学との共同で「地球と宇宙で使える24ギガヘルツ高効率大電力伝送システム」を提案し、JAXAによって採択された。このシステムは宇宙空間での月面探査車「YAOKI」への給電をイメージしており、研究は2023年10月から2025年の9月まで実施される。

日本電業工作とボルボテクノロジージャパン、京都大学は2012年に10 kW、2.45 GHzのマイクロ波を伝送距離4 mで放射して、4.1 kWの出力を得た。これは停車中電動トラックへの充電利用を検討して行われた

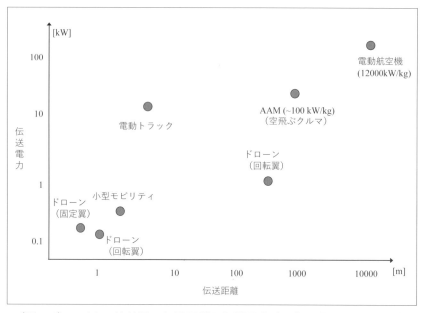

〔図1-6〕マイクロ波給電の伝送距離と伝送電力（研究段階のモビリティ）
（三菱総合研究所調査報告書一部改変）

実験であった。

　東京電力がワイヤレス給電の適用によるドローンの長距離運転の実現を目指し、ドローンを物流、農業、インフラ管理、災害対応等に適用させるドローンハイウェイ計画が考案されている。またワイヤレスセンサーや RFID といった外部電波のエネルギーハーベスティングによりバッテリーレスで外部と自動的に通信を行うワイヤレスセンサネットワークの構築が考えられており、実現による IoT 社会への爆発的な加速が期待されている。

1.5　各周波数帯域に対する身の回りの電磁波利用

電磁波には周波数帯によってそれぞれ呼称があり、電波法に記述のある大きな区分として、30-300 MHz を Very High Frequency＝VHF、300 MHz-3 GHz を Ultra-High Frequency＝UHF、3-30 GHz を Super High Frequency＝SHF、30-300 GHz を Extremely High Frequency＝EHF、300 GHz-3 THz を Terahertz と定めている。そしてそれぞれの周波数に対して、アプリケーションへの電波利用の割り当てが定められており、2021年の周波数割り当ての一部を図1-7に掲載した。サブミリ波と呼ばれる300 GHz-3 THz の中でも特に3 THz に近い周波数をテラヘルツ波とも呼ぶ。特にマイクロ波ワイヤレス給電と言った場合には、大体2 GHz 以上の周波数である。その中で、更に細かい名称がIEEEによって定められており、2-4 GHz（Sバンド）、4-8 GHz（Cバンド）、8-12 GHz（Xバンド）、12-18（Kuバンド）、18-26 GHz（Kバンド）、26-40 GHz（Kaバンド）、

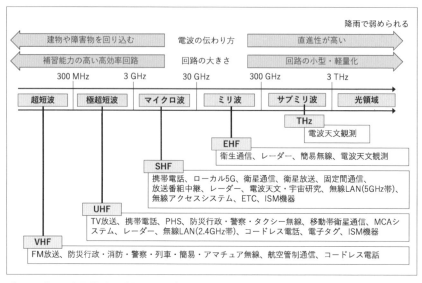

〔図1-7〕周波数帯域の割り当て（電波管理審議会審議資料（R3.7.14）一部改変）

40-75 GHz（V バンド）、75-110 GHz（W バンド）、110-300 GHz（mm バンド）と呼ばれる。いわゆるミリ波やサブミリ波といった高周波帯になるほど大気での水蒸気減衰が大きく、天候の影響を受けやすくなってくる。しかし周波数が上昇するほど高い直進性を持ち、更に通信出来る情報量が多くなるという点から、近年 5G 規格や 6G 規格の導入に向けて研究開発が活発に進められている。こういった周波数では、主に天文観測といった宇宙空間での利用や、近距離など限定されたエリアでの大容量通信に利用されている。

　1.1 節で軽く触れたように、21 世紀に入り急速に電磁波の利用が普及し、その利便性から今後更に利用は増加すると考えられる。そんな将来を見据え、これまでに示したようにワイヤレス給電技術の研究だけでなく周波数割り当てに関する制度も整備されてきた。その中で、電磁波は目に見えないこともあり、一般社会において電磁波の利用に関する健康に及ぼす影響への不安の声が多いことも、ワイヤレス給電に携わる人間として無視してはならない部分である。ワイヤレス給電で用いる電磁波は電離作用がないため、健康への影響研究が古くから行われてきた放射線領域と異なり、新たに健康影響に関する研究を推進してゆく必要のある領域となる。WHO のタスク会議では、研究の推進と同時に、民間と関連機関の間におけるリスクコミュニケーションが重要であると指摘されている。そうした流れの中で、2018 年に「空間伝送型ワイヤレス電力伝送システムの技術的条件」に関しての情報通信審議会への諮問が総務省によって行われるなど、産学官の連携が進んでいる。国際的なガイドラインや研究結果を反映した健康リスクを十分配慮し法制度の整備が進んでいる [27]。2022 年の 5 月には、世界に先駆け、日本では電波法施工規則の一部改正によって、周波数 920 MHz、2.4 GHz、5.7 GHz の 3 つの帯域において、屋内に限定した空間ワイヤレス給電システムの制度化への割り当てが認められた。

　ワイヤレス給電実験はこのような整備の進む法制度に則り、また安全に配慮して実験が行われる必要があることに十分留意して、本書によりワイヤレス給電の発展の一助となることを願う。

参考文献

[1] N. Tesla, "The Transmission of Electric Energy without Wires", Society of Wireless Pioneers - California Historical Radio Society, 1904.

[2] W. C. Brown, "The History of Power Transmission by Radio Waves," in IEEE Transactions on Microwave Theory and Techniques, vol. 32, no. 9, pp. 1230-1242, Sept. 1984.

[3] W. C. Brown, "Experimental Airborne Microwave Supported Platform", 1965.

[4] J. Schlesak, A. Alden, and T. Ohno, "A Microwave Powered High Altitude Platform", Proceedings of the IEEE MTT-S International Microwave Symposium Digest, IEEE, New York, pp.283-286, 1988.

[5] N. Kaya, H. Matsumoto, S. Miyatake, I. Kimura, and M. Nagatomo, "Nonlinear interaction of strong microwave beam with the ionosphere MINIX rocket experiment," Space Solar Power Review, Vol.6, pp.181-186, 1986.

[6] Y. Fujino, T. Ito, M. Fujita, N. Kaya, H. Matsumoto, K. Kawabata, H. Sawada and. T. Onodera, "A rectenna for MILAX," in Proc. Wireless Power Transmiss. Conf., 1993.

[7] N. Kaya, S. Ida, Y. Fujino, and M. Fujita, "Transmitting antenna system for airship demonstration (ETHER)," Space Energy Transp., vol. 1, no. 4, pp. 237–245, 1996.

[8] L. H. Hsieh, B. H. Strassner, S. J. Kokel, C. T. Rodenbeck, M. Y. Li, K. Chang, F. E. Little, G. D. Amdt, and P. H. Nga, "Development of a retrodirective wireless microwave power transmission system," in Proc. IEEE Int. Symp. Antennas Propag., pp. 393–396, Jun. 2003.

[9] C. T. Rodenbeck, P. I. Jaffe, B. H. Strassner, P. E. Hausgen, J. O. McSpadden, H. Kazemi, N. Shinohara, B. B. Tierney, C. B. DePuma, and A. P. Self, "Microwave and Millimeter Wave Power Beaming," in IEEE Journal of

Microwaves, Vol. 1, No. 1, pp. 229-259, Jan. 2021.

[10] J. Foust, "A step forward for space solar power," The Space Review, Sep. 15, 2008.

[11] T. Nishioka and S. Yano, "Mitsubishi heavy takes step toward long distance wireless power," Nikkei Asian Rev., Mar. 16, 2015.

[12] S. Mizojiri, K. Shimamura, M. Fukunari, S. Minakawa, S. Yokota, Y. Yamaguchi, Y. Tatematsu, and T. Saito, "Subterahertz Wireless Power Transmission Using 303-GHz Rectenna and 300-kW-Class Gyrotron," in IEEE Microwave and Wireless Components Letters, vol. 28, no. 9, pp. 834-836, Sept. 2018.

[13] 令和4年度重要技術管理体制強化事業（宇宙分野における重要技術の実態調査及び情報収集）調査報告書, 三菱総合研究所

[14] K. Song J. Kim, J. W. Kim, Y. Park, J. J. Ely, H. J. Kim, and S. H. Choi, "Preliminary operational aspects of microwave powered airship drone," Int. J. Micro Air Veh., Vol. 11, pp. 1–10, 2019.

[15] H. Yagi and S. Uda, "On the feasibility of power transmission by electric waves," Proc. Third pan-pacific congress held in Tokyo, Vol.2, pp.1306-1313, 1926.

[16] W. C. Brown, "Electronic and mechanical improvement of the receiving terminal of a free-space microwave power transmission system," NASA STI/Recon, Tech. Rep. 40, Aug. 1977.

[17] A. Mugitani, N. Sakai, A. Hirono, K. Noguchi, and K. Itoh, "Harmonic Reaction Inductive Folded Dipole Antenna for Direct Connection With Rectifier Diodes," IEEE Access, Vol. 10, 53433-53442, May 2022.

[18] Y. H. Suh and K. Chang, "A high efficiency dual-frequency rectenna for 2.45- and 5.8-GHz wireless power transmission," IEEE Trans. Microw. Theory Tech., Vol. 50(7), pp. 1784–1789, 2002.

[19] X. Yang, J. Xu, D. Xu, and C. Xu, "X-band circularly polarized rectennas for microwave power transmission applications," J. Electron. (China), Vol. 25, pp. 389-393, 2008.

[20] K. Hatano, N. Shinohara, T. Seki, and M. Kawashima, "Development of MMIC Rectenna at 24GHz," 2013 IEEE Radio and Wireless Symposium.

[21] M. Suzuki, M. Matsukura, S. Mizojiri, K. Shimamura, S. Yokota, T. Kariya, and R. Minami, "Consideration of long distance WPT using 28 GHz gyrotron," Space Sol. Power Syst., Vol. 3, pp. 45–48, 2018. (In Japanese)

[22] S. Hemour, C. H. P. Lorenz, and K. Wu, "Small-footprint wideband 94 GHz rectifier for swarm micro-robotics," 2015 IEEE MTT-S Int. Microw. Symp. IMS 2015, No. I, pp. 5–8, 2015.

[23] A. Mavaddat, S. H. M. Armaki, and A. R. Erfanian, "Millimeter-Wave Energy Harvesting Using Microstrip Patch Antenna Array," IEEE Antennas Wirel. Propag. Lett., Vol. 14, pp. 515–518, 2015.

[24] M. Nariman, F. Shirinfar, S. Pamarti, A. Rofougaran, and F. D. Flaviis, "High efficiency Millimeter-Wave Energy-Harvesting Systems with Milliwatt-Level Output Power," IEEE Trans. Circuits Syst. Express Briefs, Vol. 64(6), pp. 605–609, 2017.

[25] H. Kazemi, "61.5% Efficiency and 3.6 kW/m2 Power Handling Rectenna Circuit Demonstration for Radiative Millimeter Wave Wireless Power Transmission," IEEE Transactions on Microwave Theory and Techniques, Vol. 70, No. 1, pp. 650-658, Jan. 2022.

[26] K. Matsui, K. Fujiwara, Y. Okamoto, Y. Mita, H. Yamaoka, H. Koizumi, and K. Komurasaki, "Development of 94 GHz microstrip line rectenna," 2018 IEEE Wireless Power Transfer Conference (WPTC), Montreal, QC, Canada, pp. 1-4, 2019.

[27] 総務省令和元年版情報通信白書第3節「電波政策の展開」

2章

マイクロ波ワイヤレス給電の基礎

２．１　空間中の電磁波の伝播

　マイクロ波伝送は、1章でも概説したように、電波によってエネルギーを輸送する方式である。もう少し言い換えると、電場と磁場に直交する方向を持つポインティングベクトル S の存在によってエネルギーが伝搬される。つまり他のワイヤレス給電の方式と同様に、マクスウェル方程式に基づいた伝送方式である。マクスウェル方程式に関する電磁波の伝搬の詳細は、著名な物理学の専門書が数多く存在するため、ぜひそちらを参考にされたい [1][2]。本章においては、マイクロ波伝送の構成回路を設計するにあたり知っておくと便利であろうと思われる基礎的な部分のみをピックアップして記載することとする。

　マクスウェル方程式は、電荷に関するガウスの法則、磁荷に関するガウスの法則、アンペール・マクスウェルの法則、ファラデーの電磁誘導の法則の4つの法則から立式される。それぞれの法則は簡単に、ガウスの法則では、電荷からは電場の湧き出しがあり、磁界の湧き出しは存在しない、すなわち電荷は単体で存在しうるが、磁荷は双極でしか存在出来ない（S極とN極を分けることが出来ない）と言うことを表す。また、ファラデーの電磁誘導の法則では、磁界が時間的に変化すると回転方向の電界が生じ、アンペール・マクスウェルの法則では、電流と電荷密度が時間的に変化すると、磁界の回転が生じることを示している。更にマクスウェル方程式からは電磁場の空間伝送において最も基本となるヘルムホルツ方程式を導出でき、数式的に電磁波の空間伝搬を記述することができる。電磁波の伝搬は、時間的な進展を周波数領域のフェーザ表記で記載すると振幅、角周波数、時刻、座標によってその様子を捉えることができる。電場と磁場の振幅の間の関係は、各周波数 ω、透磁率 μ、波数 k を用いた波動インピーダンス Z_w によって関係が決定される。

$$Z_w = \frac{|E|}{|H|} = \frac{\omega\mu}{k} \quad\cdots\cdots\cdots\cdots\cdots\cdots\cdots\cdots\cdots\cdots\cdots \quad (2\text{-}1)$$

　特に真空中における電磁波の波動インピーダンスは、真空中の誘電率

ε_0 と透磁率 μ_0 のみで表すことが出来るため、媒質の誘電率と透磁率の比の平方根で定義される固有インピーダンスと一致し、約 377 Ω という値を取る。

ワイヤレス給電システムを設計する中で、金属中や誘電体中での電磁波の振る舞いを避けて通ることは出来ない。

基本的に媒質中での電磁波は減衰しながら伝搬することになる。特に金属は導電率 σ が非常に大きい。一般的にマイクロ波伝送で使用される金属では、銅：$\sigma = 63 \times 10^6$ S/m、アルミニウム：$\sigma = 37 \times 10^6$ S/m、金：$\sigma = 43 \times 10^6$ S/m という値を持つ。この時、金属中での減衰度合いを表す減衰定数 α は以下のような式で近似的に表すことが出来る。

$$\alpha = \sqrt{\frac{\omega\mu\sigma}{2}} \quad \dots\dots\dots\dots\dots\dots\dots\dots\dots\dots\dots\dots\dots\dots \quad (2\text{-}2)$$

減衰定数 α を眺めてみると、非常に値の大きい導電率を持つ金属中にはほとんどマイクロ波が侵入していかないことが数式的に理解できると思う。実際、電子レンジは内部で効率よく食品を温めるために金属板が使用されているのは、金属中にマイクロ波が侵入せず、反射されるためである。しかし実際には、導体表面の極浅い表層には電流が侵入、すなわちマイクロ波が侵入する。この効果のことを表皮効果という。導体表面における電流の 1/e の大きさになる深さのことを表皮深さ δ_s と定義し、次のように周波数と物質の伝導率、透磁率に依存する。

$$\delta_s = \frac{1}{\sqrt{\pi f \mu \sigma}} \quad \dots\dots\dots\dots\dots\dots\dots\dots\dots\dots\dots\dots\dots\dots \quad (2\text{-}3)$$

周波数が分母にくることから、高周波になるほど表皮深さが小さくなることを表している。例えば周波数 94 GHz において、アルミニウム（$\mu = 1.26 \times 10^{-6}$ H/m, $\sigma = 3.72 \times 10^7$ S/m）に対する表皮深さは $\delta_s = 0.26 \times 10^{-6}$ m となる。数 μm のレベルでマイクロ波が侵入するのである。このことから、高周波になるにつれて導体の表面に電流が集中し、抵抗が大きくなることから一般的に高周波回路において導体損失が大きくなるといった特性を持つ。

2.2 電磁波の伝播手段と伝播モード

　マイクロ波ワイヤレス給電システムにおいて電磁波を輸送する手段には、いくつかの方法がある。1つ目は、空間中を伝搬させる方法である。ビームの散逸を考慮すると伝送効率は低くなりやすいが、物理的な空間制約がなく、自由な伝送が可能である。この場合、空間中では基本的にTEMモード（電界、磁界の両方が電磁波の進行方向と直交成分のみを持つ）で伝搬される。2つ目は、導波管や同軸ケーブル等といった伝送手段を用いて、高効率にマイクロ波を伝送する方法である。この2つ目の場合には、用いる伝送路によって電磁波のモードが変化するといった特徴があり、TEM、TE_{mn}、TM_{mn}、それらの複合モードであるハイブリッドが存在する。TE_{mn}、TM_{mn}モードは、それぞれ電磁波の進行方向 z とした時、電場が z 成分を持たない TE（Transverse Electric）モード（電場が進行方向成分とは直交成分のみを持つ伝送モード）、磁場が z 成分を持たない TM（Transverse Magnetic）モード（磁界が進行方向成分とは直交成分のみを持つ伝送モード）である。この節では、ワイヤレス給電実験を行うにあたり、最も基本的な伝送手段である導波管、同軸ケーブル、伝送線路であるマイクロ波ストリプライン、コプレーナ線路に関する紹介を行う（図2-1）。

2.2.1 導波管（WG: Wave Guide）

　導波管（WG: Wave Guide）はマイクロ波伝送手段の代表的な一つであり、低損失で伝送することが可能であるため、ワイヤレス空間伝送システムの構築を行う上でほとんど必ずと言っていいほど使用することになる。通常の同軸ケーブルでは110 GHz帯（1mmコネクタ）までの伝送しかできないため、110 GHz帯以上では必然的に導波管またはマイクロストリップ線路、コプレーナ導波路等を用いる必要があり、これらの伝送線路と比較して導波管は高周波伝送における放射損による損失がないた

－ 27 －

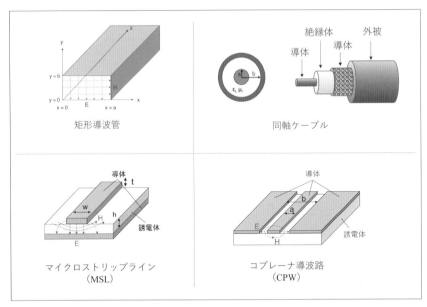

〔図 2-1〕伝送線路の代表的な種類

め、ミリ波帯の伝送線路として最もよく使用されている。

　導波管の遮断波長およびカットオフ周波数を導出するためにはヘルムホルツ方程式において、導波管の金属壁面における境界条件を適用することで求めることができる。電磁波が導波管は矩形もしくは円型の金属管内を電磁波が伝搬する伝送路であり、伝送モードとしてTE_{mn}、TM_{mn}モードを取る。図 2-1 に示す矩形導波管における遮断波長とカットオフ周波数は以下の式 (2-4) と (2-5) で表される。

$$\lambda_c = \frac{1}{\sqrt{\left(\frac{m}{2a}\right)^2 + \left(\frac{n}{2b}\right)^2}} \quad \cdots\cdots (2\text{-}4)$$

$$f_c = \frac{1}{\sqrt{\mu\varepsilon}}\sqrt{\left(\frac{m}{2a}\right)^2 + \left(\frac{n}{2b}\right)^2} \quad \cdots\cdots (2\text{-}5)$$

　m と n は整数で、それぞれ x 方向及び y 方向の波の数を、a と b は長

辺と短辺を表す。それぞれ、m と n の値が大きい高次のモードは損失
となるため、一般的には主要モードのみを通す導波管が用いられる。主
要伝搬モードとは、最も低い遮断周波数を持つモードのことを指す。矩
形導波管の一般的な形状である a = 2b では、主要伝送モードは TE_{10} モー
ドであり、この主要モードを通すカットオフ周波数は、$f_{c10} = c/2a$、遮
断波長は $\lambda_{c10} = 2a$ と長辺の長さの 2 倍で決定され、すなわちそれ以上の
波長の電磁波を遮断する。ゆえに導波管には各周波数帯で用いられるサ
イズの規格が定められている。導波管はマイクロ波の伝送線路としてだ
けではなく、電力を分配する方向性結合器やマジック T 導波管、スロッ
トアレーアンテナなど様々な用途に応用されている。矩形導波管の他に
円形導波管も存在し、使用するアンテナの直線偏波か円偏波かによって
両者の使い分けが必要である。

2.2.2　同軸ケーブル

　導波管と同様にワイヤレス給電実験において頻繁に使用するのは同軸
ケーブルである。同軸ケーブルは内部導線（導体）と外部導体の間にポ
リエチレンをスペーサーとして用いた伝送線路のことである。特徴とし
て、損失が小さいこと、外部ノイズの影響を受けにくいこと、フレキシ
ビリティがあることが挙げられる。同軸ケーブル内部の電磁波の伝搬は
TEM（Transverse Electro Magnetic wave）モードで、すなわち、電場と磁
場が直交して進行する。一般的に、同軸ケーブルのインピーダンスは
50 Ω や 75 Ω といった値に整合されており、ワイヤレス給電実験で用い
るのは 50 Ω であることが多い。75 Ω のケーブルはテレビといった映像
や音声の伝送に用いられる。また特に 18 GHz 以上の高周波数で使用す
る場合には、SMA コネクタや K コネクタ（2.92 mm）など、使用周波数
に依って使用するコネクタの直径を適切に選択する必要がある。

— 29 —

2.2.3 高周波伝送路

　高周波において集積回路上で電磁波を伝搬させる回路として、マイクロストリップライン（Microstrip Line, MSL）やコプレーナ導波路（Coplanar Waveguide, CPW）といった厚さ数 μm の金属箔（導体）を誘電体基板上にパターン設計する伝送線路が存在する。

　MSL は図 2-2 に示すように、導体の片面を GND 面とし、もう一方の面に信号線のパターンを加工することで構成され、小型軽量化が可能かつ、様々なパターン形状によるスタブやフィルタなどの設計が可能であり、受動・能動素子との接続、GND との導通ホールの形成の容易性に優れているため、幅広い用途で最も一般的に用いられている高周波伝送線路である。MSL は電磁場が空間中と誘電体中の両方を伝搬するため、均一な誘電率にならず、伝搬モードは準 TEM モードとなる。電磁波解析においては、空間と誘電体の平均的な誘電率として実効比誘電率 ε_e を導入し、これを用いることで TEM モードと仮定して簡単な解析を可能にしている。MSL の設計パラメータとして誘電体基板厚 h、線路幅 w、比誘電率 ε_r、導体箔厚さ t、誘電正接 $tan\delta$ があり、主な特徴として基板厚さ h が小さく線路幅 w が大きいほど伝送線路の電圧と電流の比で決定される特性インピーダンス Z_0 は小さくなる。MSL は素子同士の接続用途、インピーダンス整合の手段として用いられることが多い。そのため、一般的な設計手順として、まず回路周辺の素子やシステムとのインピーダンス整合を考え、そこから設計する MSL の特性インピーダンス Z_0 を算出する。誘電体の比誘電率 ε_r と MSL の目標特性インピーダンス

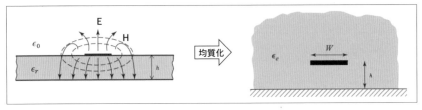

〔図 2-2〕MSL の伝播モード（準 TEM モード）と仮想的な媒質の均質化

Z_0 に対して、線路幅 w と誘電体厚さ h を決定することになる。MSL の設計の詳細はアンテナに関する 4 章にて合わせて記載する。伝播する信号が高周波になるほど、高周波伝送路における損失が大きくなる。伝送路における損失には主に導体損失、誘電体損失、放射損失がある。導体損失は、導体の伝導率による抵抗や表皮効果によって導体内部で失われるエネルギーである。誘電体損失は、誘電体内部で高周波エネルギーが熱として失われる損失であり、放射損失は導体表面や界面の表面粗さによる電磁場の意図しない放射による損失である。MSL においては分布定数を用いて導体損失と誘電体損失に関して近似して求めることができる。放射損失（散乱損失）を考慮するためには電磁界シミュレータによる解析を行う必要がある。MSL における導体損失 α_c と誘電体損失 α_d は基板の誘電正接 $tan\delta$ および導体の表面抵抗 R_s を用いて、式 (2-6) と (2-7) で表すことができる。

$$\alpha_c = \frac{R_s}{Z_0 w} \ [\text{Np/m}] \quad \cdots\cdots\cdots\cdots\cdots\cdots\cdots\cdots\cdots\cdots\cdots \quad (2\text{-}6)$$

$$\alpha_d = \frac{k_0 \varepsilon_r (\varepsilon_e - 1) tan\, \delta}{2\sqrt{\varepsilon_e}(\varepsilon_r - 1)} \ [\text{Np/m}] \quad \cdots\cdots\cdots\cdots\cdots\cdots \quad (2\text{-}7)$$

ここで 1 Np=8.686 dB であり、損失の大きさを表す。導体損失に関しては周波数が高くなるほど大きくなり、導体の導電率が良好になるほど小さくなることがわかる。また MSL は一般的に誘電率が小さい方が誘電体損は小さくなるがそれと同時に放射損が大きくなる特徴を持っている。MSL は加工と統合が容易であるというメリットがあるが、高周波になればなるほど、コプレーナ導波路や導波管よりも損失が大きくなることが知られている。また、整流回路と統合してレクテナにする際にはDC の導通パスのために GND 面とのビアを空ける必要があり、特に高周波数帯ではビアの長さや加工精度が回路に与える影響が増大してしまう。

　そのため、より高周波での利用や、集積回路の都合上同一平面にGND を構成したい場合などは、標準的な CPW が有用である [3]。MSL

同様に高周波回路で用いられる代表的な伝送線路である。CPW は MSL と異なり同一平面上に信号線と GND 面を持つ構造をしており、導通穴をあける必要がないため製作簡単であり、微細加工を用いて集積回路を製作することに適している。図 2-1 では信号線の裏面に GND のないタイプを記載したが、CPW には様々な形態があり、裏面にも GND を採用している回路もある。CPW の伝搬モードは準 TEM 波であり、MSL と同様に実効比誘電率を用いてインピーダンス設計を行うことが出来、CPW では信号線幅 a、GND 面幅 b の比率を変えることによってインピーダンスの整合(インピーダンスマッチング)を行う。

2.3 伝送線路理論

　高周波が伝送線路内を伝搬するときに、その伝送特性（電圧、電流、位相、インピーダンス、損失、反射等）の関係は、電信方程式によって記述出来る。直流回路や高等教育の範囲での交流回路においては、線路に対して十分波長が大きく、電流や電圧はある時刻においては線路上で単なる定数として扱っており、時間領域で計算することのできる集中定数回路理論を用いる必要がある。一方で、長距離の送電線や周波数が高いときの伝送線路においては、線路の長さが波長と同程度もしくはそれ以上になると、下の回路モデルに示すように、電流や電圧は単なる時間だけでなく位置にも依存し、線路内の位置によって位相が異なってくるため、分布定数回路理論を適応する必要が出てくる。抵抗 R、インダクタンス L、コンダクタンス G、キャパシタンス C を用いて分布定数回路の等価回路モデルを図2-3に示す。回路上のある地点での進行波の電圧の振幅 V^+ と、進行波の電流の振幅 I^+ の比は、電磁波の電場と磁場の振幅と同様に特性インピーダンス Z_0 と定義される。

$$Z_0 \simeq \sqrt{\frac{R + j\omega L}{G + j\omega C}} \quad \cdots\cdots\cdots\cdots\cdots\cdots\cdots\cdots\cdots\cdots\cdots\cdots\cdots \quad (2\text{-}8)$$

　この特性インピーダンスによって伝送線路の特性が決定され、電磁波の伝送線路上での反射や透過、損失を考慮したインピーダンスマッチングに基づいた設計が行える。

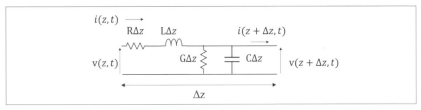

〔図2-3〕分布定数回路のモデル

回路上での進行波と後進波の振幅の比をとった $\Gamma = V^+/V^-$ は反射係数と呼ばれる。一般的に回路に使用される導体は導電率が非常に高く、理想的に無損失回路とみなせる。そこで、回路に接続される負荷とのインピーダンスマッチングを考えるために、理想的に $R=0$, $G=0$ となる無損失回路にて議論を進める。この時、無損失回路における減衰定数 α, 位相定数 β そして特性インピーダンス Z_0 はそれぞれ、角周波数、インダクタンス、キャパシタンスを用いて以下のように表せる。

$$\alpha \simeq 0 \quad \cdots\cdots\cdots\cdots\cdots\cdots\cdots\cdots\cdots\cdots\cdots\cdots\cdots \quad (2\text{-}9)$$

$$\beta \simeq \omega\sqrt{LC} \quad \cdots\cdots\cdots\cdots\cdots\cdots\cdots\cdots\cdots\cdots \quad (2\text{-}10)$$

$$Z_0 \simeq \sqrt{\frac{L}{C}} \quad \cdots\cdots\cdots\cdots\cdots\cdots\cdots\cdots\cdots\cdots\cdots \quad (2\text{-}11)$$

　上記で定義した位相定数 β と特性インピーダンス Z_0 を持つ線路に対して、負荷 Z_L で終端された場合について考える。Z_L で終端された無損失回路を図2-4に示す。ここで、ワイヤレス給電における負荷とは、半導体ダイオードやアンテナ素子、また変換素子など回路素子ではこのような状況が頻発する。負荷部分をz軸の原点とし、z軸の負側で特性インピーダンス Z_0 の線路と接続されていることを考える。$z=0$ の点におけるインピーダンス Z_L は、次のように反射係数 Γ と線路の特性インピー

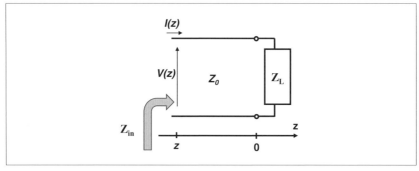

〔図2-4〕終端に負荷 Z_L が接続されたときの回路図

ダンス Z_0 を用いて表すことが出来る。

$$Z_L = \frac{V(0)}{I(0)} = Z_0 \frac{V^+ + V^-}{V^+ - V^-} = Z_0 \frac{1 + \varGamma}{1 - \varGamma} \qquad \cdots\cdots\cdots\cdots\cdots\cdots (2\text{-}12)$$

これを $\varGamma$ に関してとくと、回路の特性インピーダンス Z_0 と負荷側から見たインピーダンス Z_L とで表すことが出来る。

$$\varGamma = \frac{Z_L - Z_0}{Z_L + Z_0} \qquad \cdots\cdots\cdots\cdots\cdots\cdots\cdots\cdots\cdots\cdots\cdots\cdots\cdots\cdots (2\text{-}13)$$

この反射率を用いて反射損失 M（standing wave ratio, SWR）を以下のように定義する。

$$M = \frac{1}{1 - |\varGamma|^2} \qquad \cdots\cdots\cdots\cdots\cdots\cdots\cdots\cdots\cdots\cdots\cdots\cdots\cdots (2\text{-}14)$$

反射率は一般的に複素数で表され、終端する負荷の値によって変化する。$Z_L = Z_0$ の時には $\varGamma = 0$ となり、入射した電力はすべて負荷によって消費される。この状態の時、反射損失は $M = 1$ を取り、線路と負荷でのインピーダンス整合（インピーダンスマッチング）がとれているといい、電源から得られる電力が回路で効率的に消費されていることを表す。また、式 (2-13) を用いることで、負荷から長さ z だけ信号源方向へと移動した点から負荷側を見た入力インピーダンス $Z_{in} = Z(-z)$ を定義することができ、回路の設計において非常に重要なパラメータ定義式を得る。この長さ z を線路長さ l として伝送線路の設計を行っていく。

$$Z(-z) = \frac{V(-z)}{I(-z)} = Z_0 \frac{V^+\left[e^{j\beta z} + \varGamma e^{-j\beta z}\right]}{V^+\left[e^{j\beta z} - \varGamma e^{-j\beta z}\right]} = Z_0 \frac{Z_L + jZ_0 \tan\beta z}{Z_0 + jZ_L \tan\beta z}$$

$$\cdots\cdots (2\text{-}15)$$

2.4 λ/2, λ/4 線路

伝送線路の線路長が半波長となる λ/2 の場合と更にその半分の λ/4 の場合は、特にインピーダンスが特徴的となるため、回路設計において非常に重要な線路長となり、実用上有用であるため、簡単に紹介する。

線路長が半波長の場合には、式 (2-15) において線路長さ $l=λ/2$ とおくと、$\tan βl = 0$ となる。つまり、$Z'_{in}=Z_L$ となるため、入力インピーダンスと負荷インピーダンスが等しくなりそのため λ/2 の定数倍として線路を設計する。

図 2-5 に、負荷 Z_L と特性インピーダンス Z_0 の伝送線路線間に、特性インピーダンス Z_1 のインピーダンスマッチング線路を挿入したイメージを示す。整合用回路端 l から負荷側を見た入力インピーダンス Z'_{in} と、伝送線路の特性インピーダンス Z_0 が等しくなるように Z_1 の設計を行う。線路長が λ/4 の場合には、先ほどと同様に式 (2-15) において $l=λ/4$ とおくと、$\tan βl = \infty$ となる。つまり、$Z'_{in}=Z_1^2/Z_L$ となり、入力インピーダンスは負荷インピーダンスに反比例する実数となることがわかる。回路のインピーダンスマッチングを考えると、$Z'_{in}=Z_0$ であることが理想的であるため、そのための整合線路の特性インピーダンスは $Z_1=\sqrt{(Z_0 Z_L)}$

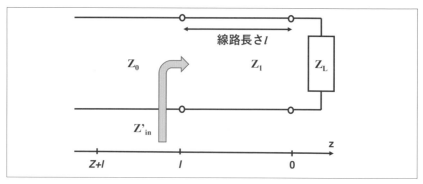

〔図 2-5〕負荷 Z_L と特性インピーダンス Z_0 の伝送線路間のインピーダンス整合線路の挿入

としてシンプルに設計することが出来る。

　また、線路の終端に 0 Ω の負荷が接続されている。つまり短絡の場合、式 (2-15) に $Z_L = 0$ の条件を代入すると、純虚数の単純な形で入力インピーダンスを表すことが出来る。

$$Z_{in} = jZ_1 \tan \beta l \quad \cdots\cdots\cdots\cdots\cdots\cdots\cdots\cdots\cdots\cdots\cdots \quad (2\text{-}16)$$

この入力インピーダンスを図 2-6 に示すと、$\lambda/4$ ごとに無限の値を取っていることがわかる。すなわち、短絡された $\lambda/4$ ショートスタブは、$\lambda/4 + n\lambda/2$ （n は整数）ごとに電磁波を全て反射するといった特徴を持つ。このような線路長は回路設計において頻出する。

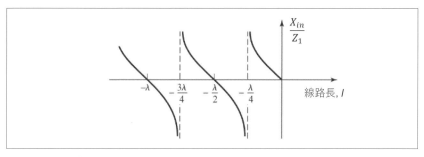

〔図 2-6〕線路長さによる入力インピーダンスの様子

2.5 Sパラメータ

　伝送線路に回路理論を適用してその特性を調べるにあたり、給電点での電圧の振幅と位相が重要なパラメータとなる。これらのパラメータを計測するために一般的な回路ではプローブなどを挿入するが、高周波においてはプローブが容量性負荷となり、観測対象である電圧の振幅・位相が変化するため、直接計測によって正確に電圧を観測することができない。そこで高周波回路では一般的に、電圧や電流の入出力関係をSパラメータ（Scattering parameter）を用いて特性評価を行うことが一般的である。

　図2-7に示すN個のポート入出力を備えた高周波回路を考える。各ポートの入射波と反射波の電圧の振幅をそれぞれ V_i^+, V_i^- とすると、それらの関係はSパラメータの行列を用いることで以下のように表される。

$$\begin{bmatrix} V_1^- \\ V_2^- \\ \vdots \\ V_N^- \end{bmatrix} = \begin{bmatrix} S_{11} & S_{12} & \cdots & S_{1N} \\ S_{21} & S_{22} & \cdots & S_{2N} \\ \vdots & \vdots & \ddots & \vdots \\ S_{N1} & S_{N2} & \cdots & S_{NN} \end{bmatrix} \begin{bmatrix} V_1^+ \\ V_2^+ \\ \vdots \\ V_N^+ \end{bmatrix} \quad \cdots\cdots\cdots\cdots (2\text{-}17)$$

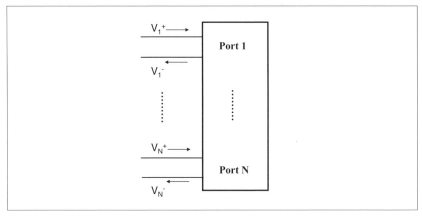

〔図2-7〕Nポート回路の模式図

$$S_{ij} = \frac{V_i^-}{V_j^+} \quad \cdots\cdots\cdots\cdots\cdots\cdots\cdots\cdots\cdots\cdots\cdots\cdots\cdots\cdots\cdots\cdots\cdots\cdots\cdots\cdots \quad (2\text{-}18)$$

　入力がポートiのみの場合、すなわちポートi以外のポートからの入力が無い場合、S_{ii}はポートiへ入力した電圧の振幅と反射波の電圧の振幅との割合を示す。これはポートiにおける反射係数 Γ に相当する。この時、S_{ji}はポートj($j \neq i$)からの出力電圧の振幅と、ポートiの入力電圧の振幅の比であり、すなわちポートiからポートjへの透過係数 T に相当する。このSパラメータにより、インピーダンス不整合による反射波の割合・回路中の透過率を測定、算出することが可能となる。Sパラメータは主にベクトルネットワークアナライザなどをもとに測定される。またSパラメータは位相成分を持つため複素数で表され、管内波長や入力インピーダンスの算出に用いられる。

　アンテナや単純な伝送回路の場合、入力と出力の2ポート回路であるため、S_{11}は反射係数、S_{21}は透過係数として性能評価が行われる（図2-8）。アンテナは共振周波数において反射が小さく設計されているため、反射係数 S_{11} が最も小さい周波数が共振周波数であり、効率良く電波を伝送出来ていることを示す。反射係数や透過係数の単位はdBを用いて表示することが多い。アンテナの性能目安として反射特性 S_{11} は -20 dB（10%）を下回ることを設計基準とする。

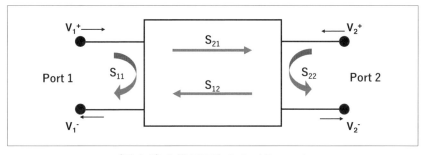

〔図2-8〕2端子回路のSパラメータ

参考文献

[1] 砂川重信,「理論電磁気学」, 紀伊国屋書店, 初版 1965.

[2] D. M. Pozar, "Microwave Engineering," John Wiley & Sons Inc., 1990.

[3] J. Coonrod, "Comparing Microstrip and CPW Performance," Microwave Journal 55(7), pp. 74-82, July 2012.

3章

マイクロ波源の設計

3.1 マイクロ波電源の全体概要

本章では、マイクロ波ワイヤレス給電方式における送信側のマイクロ波電源の設計方法を記載する。マイクロ波電源とは、直流電力を外部から供給することで、所望の周波数帯、電力帯のマイクロ波を生成する電源回路のことを示し、本書ではこの役割を担う全体の回路を総称してマイクロ波電源と記載する。マイクロ波電源は主に発振器、増幅素子（アンプ）、終段のアイソレーターおよびフィルタ回路を主構成として、それにインピーダンス整合のための入出力の整合回路、DC 電力供給のバイアス回路などで構成される。マイクロ波ワイヤレス給電においては最終的に送信アンテナに接続して、マイクロ波増幅回路で生成された大電力のマイクロ波電力を自由空間中に放出する。図 3-1 にマイクロ波増幅回路のブロック図での全体概要を示す。

発振器は直流の電力を供給して、所望のマイクロ波周波数での発振を行うデバイスの総称を指し、L と C による共振での LC 発振器、水晶振動子を用いた水晶発振器、誘電体素子を伝送線路や筐体と結合させて発振を起こす誘電体発振器、半導体素子と可変容量ダイオードにより電圧による周波数調整が可能な電圧制御発振器（VCO: Voltage Controlled Oscillator）などがある。これらの発振素子から得られるマイクロ波電力は一般的に微小であるため、発振器の後段に増幅回路を接続して、所望

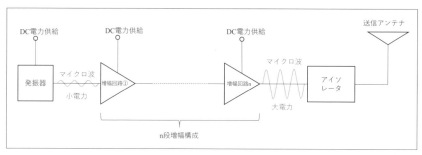

〔図 3-1〕マイクロ波電源のブロック図

のマイクロ波出力を得る回路設計を行う必要がある。増幅回路は最終的なアプリケーションによって、最大電力、最大効率、周波数帯域、雑音レベル、回路サイズなど、どういった特性を重視して設計し使用するかが大きく変わってくる。本書ではワイヤレス給電の性能として重要となる大電力化と高効率化を重視した設計を目標に解説を行う。増幅回路の最終段の先には、増幅に用いる半導体素子を負荷変動時のマイクロ波の反射電力により破損することを防ぐために、アイソレーターが適用される。アイソレーターはフェライトを用いて、マイクロ波の伝送経路を変更するデバイスであり、負荷からの反射電力は増幅回路に戻らずに、終端抵抗で熱として損失に変化させて消費することで、回路を保護している。

　本章ではこのマイクロ波を発生させてから大電力に増幅させるまで、どういった設計で実現しているか解説を行う。図3-2にマイクロ波電源の全体のシステム要求から具体的な設計に至るまでの開発の流れと、本章のどの項目を見れば詳細が記載されているか分かる目次を掲載する。詳細な全体設計の具体例は本節最後の3.15節で改めてまとめる。

〔図3-2〕マイクロ波電源設計の全体の流れ

3.2 増幅回路の電力利得

　マイクロ電源において最も重要な構成要素は増幅回路（アンプ）であり、増幅回路の性能が非常に重要となる。3.2 節～ 3.4 節までは主に増幅回路の性能指標の説明を行い、増幅回路に使用されている半導体素子のデータシートを見た際に、どういった性能指標を気にすれば良いかを解説する。

　増幅回路とは図 3-3 に示すように、増幅回路の入力段にマイクロ波が入力された際に、その入力電力をある倍率で増幅させ、より大きな出力のマイクロ波出力を得る回路の名称を指す。

　この際のマイクロ波の入力電力に対する出力電力の倍率を利得（Gain）と呼び、倍率 [-] もしくはデシベル [dB] で表記し、以下の式 (3-1)、(3-2) で表すことができる。

Gain[dB] = マイクロ波出力電力[dBm] − マイクロ波入力電力[dBm]

　　　　　　　　　　　　　　　　　　　　　　　… (3-1)

Gain[-] = マイクロ波出力電力[W] / マイクロ波入力電力[W]

　　　　　　　　　　　　　　　　　　　　　　　… (3-2)

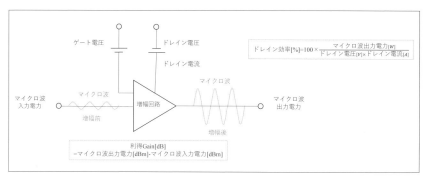

〔図 3-3〕マイクロ波増幅回路のブロック図

❀ 3章　マイクロ波源の設計

倍率 [-] とデシベル [dB] 換算は以下の式 (3-3)、(3-4) で変換ができる。

$$\text{Gain[dB]} = 10 \times \text{Log10(Gain[-])} \quad \cdots\cdots\cdots\cdots\cdots\cdots\cdots\cdots \quad (3\text{-}3)$$

$$\text{Gain[-]} = \exp(\text{Gain[dB]}/10) \quad \cdots\cdots\cdots\cdots\cdots\cdots\cdots\cdots \quad (3\text{-}4)$$

例えば、1 W の入力電力を 100 W の出力電力に増幅させることが可能なアンプの利得は 100 W/1 W=100 倍で記載される。

上述に関して、電力は W 表記ではなく、dBm という単位が主に用いられる。m は mW を指しており、mW の電力を基準とした dB 表記で電力を表現する。そのため、0 dBm＝1 mW であり、30 dBm＝1 W、50 dBm＝100 W である。

この表現で、先ほどの例を考えると、30 dBm(1 W) の入力電力を 50 dBm(100 W) の出力電力に増幅させることが可能なアンプの利得は 50 dBm‐30 dBm＝20 dB と求められる。式 (3-3)、(3-4) を用いると dB と倍率の変換ができるため、100 倍 ＝20 dB であることも確認できる。

－ 46 －

3.3 ドレイン効率と電力付加効率（PAE）

　増幅回路の性能指標の１つとして、外部から印加した直流電力に対して、どれだけマイクロ波電力に損失なく変換できたかを表す、ドレイン効率と電力付加効率（PAE: Power Added Efficiency）という２つの指標がある。それぞれの効率は以下の式 (3-5)、(3-6) で表すことができる。

　電力付加効率 (PAE) はアンプへの入力電力を考慮した効率を示しており、アンプ単体での性能を評価する指標として多く用いられている。

ドレイン効率[%]

= マイクロ波出力電力[W] /（ドレイン電圧[V]×ドレイン電流[A]）× 100%

$$\cdots \quad (3\text{-}5)$$

電力付加効率[%]

=（マイクロ波出力電力[W] − マイクロ波入力電力[W]）/（ドレイン電圧[V] × ドレイン電流[A]）× 100% = ドレイン効率[%]×(1 − 1/利得[-])

$$\cdots \quad (3\text{-}6)$$

3.4 小信号利得（線形領域）と大信号利得（非線形領域）、P1dBとP3dB

　増幅回路の利得（Gain）は図3-4に示す、線形領域と非線形領域の2領域に大別することができる。増幅回路のマイクロ波出力電力が小さい領域では、入力電力に対する出力電力がほぼ一定の領域であり、すなわち常に一定の利得で信号が増幅される。この領域を小信号領域(線形領域)といい、この時の利得を小信号利得と呼ぶ。この場合の増幅は線形領域でのアンプの使用であり、高調波と波形のひずみを抑えた安定的な増幅が可能である。また小信号であれば、ネットワークアナライザ等による素子自体のインピーダンスの取得が容易に可能であり、線形領域の範囲であればそのインピーダンスを用いて回路設計や最大利得の推定が可能である。しかし、マイクロ波出力電力が小さい領域では、アンプを動作状態にするために消費される直流電力成分が占める損失割合が相対的に大きいため、後述する非線形領域に比べて効率は低下する。

　増幅回路のマイクロ波出力電力を大きくしていくと、利得が徐々に減少していく領域が現れる。この出力電力より大きい領域から、入力電力の増加に対する出力電力の増加率が減少し、利得が徐々に減少していく領域となる。この領域を非線形領域といい、この時の利得を大信号利得

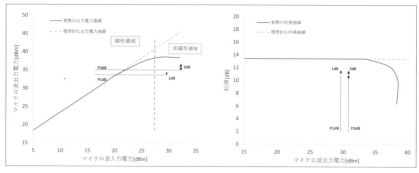

〔図3-4〕増幅回路の線形領域と非線形領域

と呼ぶ。非線形領域では増幅に用いる半導体素子から高調波が多く発生しており、出力電力波形に高調波によるひずみを発生させる。この高調波と基本波の重ね合わせを調整し、半導体素子での電圧と電流が切り替わる際に発生するスイッチングの重ね合わせによる損失を小さくした動作を F 級動作と呼び、非常に高い効率動作が可能になる。

増幅回路の出力性能の指標として、P1dB, P3dB という指標がある。これは小信号利得で理想的な比例関係で出力電力が増加していったことを仮定した場合に、非線形領域で利得が 1dB, 3dB 減少した地点の出力電力の値をそれぞれ P1dB, P3dB と定義している。これは増幅回路の出力が飽和して限界に近付いているサインであり、データシートにおいては増幅素子の大まかな最大出力を知る指標の一つである。

3章 マイクロ波源の設計

3.5 マイクロ波増幅回路における増幅素子の周波数特性と最大可能出力

　増幅回路がどの周波数帯まで増幅可能か、最大出力や増幅率はどの程度か、主要な特性は増幅動作を担うパワー半導体素子の材質や物理的な設計によって変化する。半導体素子の場合、周波数特性を決める要素として、自身の ON 抵抗および接合容量に起因する。この抵抗と容量の積を時定数といい、この時定数は周波数の交流の ON/OFF の立ち上がり、立ち下がりの応答性を示している。ON 抵抗と接合容量は素子の物理的な寸法に起因するため、一般的には高い周波数に対応できるようになるほど、素子の小型化が必要になる。

　もう一つの特性は、最大可能出力であり、こちらは半導体素子の絶縁破壊電圧特性に依存する。表3-1 に代表的な半導体材料の物性値を示す。

　半導体の Si, GaAs, GaN のバンドギャップが広いほど、素子自体の耐圧が高くなる。絶縁破壊電圧と RC 時定数の関係は以下の式 (3-7) で表される。

$$RC = \frac{2V_B}{\mu E_c^2} \quad \cdots\cdots\cdots\cdots\cdots\cdots\cdots\cdots\cdots\cdots\cdots\cdots\cdots\cdots \quad (3\text{-}7)$$

　一般的に素子のサイズが大きいほど耐圧が高くなるため、最大出力は増加するが RC の時定数が大きくなり、周波数特性とはトレードオフの関係になるため、高い周波数になればなるほど、増幅回路の最大出力は低下する傾向になる（図 3-5）[1]。GaN は素子自体のバンドギャップが Si や GaAs と比べて大きく、絶縁破壊電圧が大きいので、高周波数対応と大電力化の両立が可能である。増幅素子の最大出力は半導体素子の物

〔表 3-1〕代表的な半導体の特性

	Si	GaAs	SiC	GaN
バンドギャップ [eV]	1.11	1.43	3.23	3.37
絶縁破壊電界 [mV/cm]	0.3	0.6	2.8	2.6
電子移動度 [cm/s]	1500	8500	1000	1200

理的な構造を調整することで大きくすることも可能である。半導体素子のチャネルの数（フィンガー数）を増やし、並列に素子を並べることで、電流を分流させ、大電力動作を可能とし素子単体での最大出力電力を向上させることができる。増幅回路による増幅は直列に多段構成にすることで利得を大きくすることが可能だが、最終段の出力は結果的に半導体素子の能力によって、前述のとおり主に周波数に対して頭打ちになってしまう。そのため、マイクロ波回路の分配と合成によって増幅回路を複数個並列接続して電力を増加させることも可能である。この場合だと理想的には増幅回路の並列数によって2個並列なら2倍、4個並列なら4倍といった形で最大出力を増加させることが可能である。ただし、こちらは分配器と結合器による回路サイズの増加や線路損失の増大、発振源が異なる場合には位相を合わせて合成する必要があるといったデメリットは存在する。

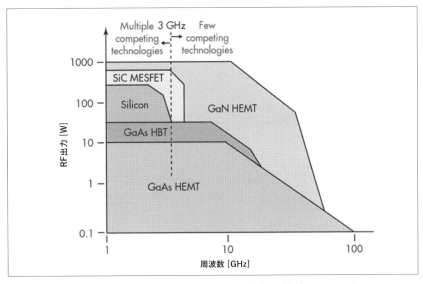

〔図3-5〕半導体種類による周波数と出力の性能トレンド [1]

3.6 マイクロ波増幅回路のトレンドとベンチマーク

　半導体を用いたマイクロ波増幅回路の先行研究における、周波数に対するPAEと最大出力、および最大出力に対する周波数換算効率[2]を図3-6、3-7、3-8にそれぞれ示す。また、先行研究の詳細を表3-2に示す。

$$周波数換算効率[\%] = PAE[\%] \times (周波数[GHz])^{0.25} \cdots (3\text{-}8)$$

　前述の物理的な性質により、周波数が高くなるほど、効率と出力ともに減少していることが確認できる。各論文のトレンドとして、半導体素子はGaN HEMT（Gallium Nitride High Electron Mobility Transistor）を用いており、民生品と独自開発品を用いている機関と特に性能に大きな差はなく、民生品を用いても設計次第でトップレベルの性能を出すことが可能であるのは特に面白い点である。最大出力に関しては、マイクロ波

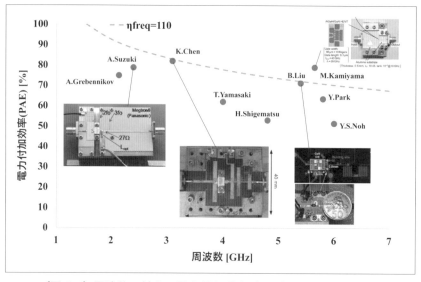

〔図 3-6〕周波数に対する電力付加効率（PAE）のベンチマーク

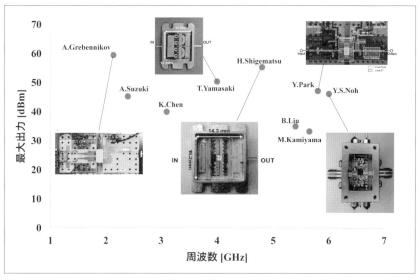

〔図 3-7〕周波数に対する増幅回路最大出力のベンチマーク

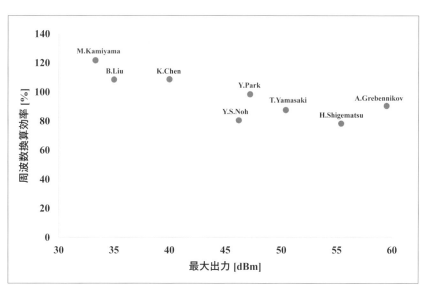

〔図 3-8〕増幅回路最大出力に対する周波数換算効率のベンチマーク

✿ 3章　マイクロ波源の設計

〔表 3-2〕先行研究の詳細

参考文献	A.Greben-nikov [3]	A.Suzuki [4]	K.Chen [5]	T.Yamasaki [6]	H.Shigematsu [7]	B.Liu [8]	M.Kamiyama [9]	Y.Park [10]	Y.S.Noh [11]
投稿年	2021	2020	2013	2010	2009	2017	2012	2016	2015
周波数	2.14GHz	2.4GHz	3.1GHz	4.0GHz	4.8GHz	5.4GHz	5.65GHz	5.8GHz	6.0GHz
基板	Rogers RO4350 (PTFE)	Panasonic Megtron6	Rogers Duruid 5880 (PTFE)	Alumina	High Dielectric & ceramic	Rogers RO4350 (PTFE)	Alumina	N/A	Alumina
動作モード	Doherty	Class-F (〜3rd order)	class-F (〜2nd order)	class-F (〜2nd order)	N/A	N/A	class-F (〜4th order)	class-F (〜2nd order)	class-AB
増幅素子	GaN HEMT	GaN HEMT (CGH40025F)	GaN HEMT (CGH40010F)	GaN HEMT (In-house development)	GaN HEMT (In-house development)	GaN HEMT (In-house development)	GaN HEMT (In-house development)	GaN HEMT (CGH40035F)	GaN HEMT (In-house development)
RF 最大出力 (Pmax)	59.5dBm (891W)	45.3dBm (33.9W)	40dBm (10W)	50.4dBm (110W)	55.4dBm (343W)	35dBm (3.16W)	33.3dBm (2.13W)	47.2dBm (52.5W)	46.2dBm (41.7W)
利得	14dB	13.6dB	15dB	10.5dB	8.82dB	13dB	9.12dB	10.2dB	25.4dB
ドレイン効率	78%	82.3%	85%	68%	61%	75%	90%	70.2%	N/A
PAE	74.9%	78.8%	82%	62%	53%	71.2%	79%	63.5%	51.5%
周波数換算効率	90.6	98.1	108.8	87.7	78.4	108.6	121.8	98.5	80.6
増幅回路面積	N/A	N/A	40×45 mm	14.3×15.2 mm	14.3×15.2 mm	6.5×6.5 mm	37×48 mm	N/A	12.5mm^2
電力密度（RF出力/増幅回路面積）[W/mm^2]	N/A	N/A	0.0055	0.506	1.578	0.075	0.0012	N/A	3.19

回路で分配 & 結合をして並列化による出力向上を実施している論文も多くみられる。特に GaN HEMT 素子自体の入出力整合回路を MMIC によってチップ内に作製することで、素子単体を 50 Ω 系の分配器と結合器と複数個並べて組み合わせることで、小型のまま大電力の増幅回路を作製している例が多くみられた。式 (3-8) に示す周波数換算効率は IEEE の指標を用いて、周波数による影響を効率に換算してプロットをしている。これにより出力と効率の両方の指標を同時に見ることができ (図 3-8)、このトップベンチマークラインがすなわち、アンプとして目標にできる周波数、出力、効率の関係になり、全体のシステムの設計目標に

つながる。

　ベンチマークではみな GaN を用いていたが、近年ではよりバンドギャップが大きく、高い周波数と大電力を両立できる酸化ガリウムやダイヤモンドなどの半導体も研究がおこなわれている [12][13]。これらの半導体素子の進化により、マイクロ波増幅回路と RF-DC 整流回路の大電力化と高効率化、高周波対応のさらなる性能向上が期待される。

❋ 3章　マイクロ波源の設計

3.7　マイクロ波電源のシステム要件と設計構想

　3.6節までは主にマイクロ波電源の構成、増幅回路の性能と増幅素子のデータシート上の主要パラメータ、世の中のトップベンチマークといった単体での性能に重きを置いた説明であったが、3.7節からは実際にマイクロ波電源として発振源から増幅回路、アイソレーターに至るまでの全体のシステム的な考え方に基づいた、設計構想を説明する。単体の回路要素を組み合わせて、マイクロ波電源として完成させるためには、素子の選定、増幅回路段数の設定、動作点の設定、整合回路の設計、異常発振等の不安定性の検証など多くの項目を検討する必要がある。本章ではその簡易的な流れを紹介する。

　まずは所望のマイクロ波電源のスペックを決め、その性能に見合うように増幅回路の特性をあてはめ、増幅素子の選定と回路、構造の設計を適切に行う必要がある。表3-3に一般的なマイクロ波電源の要求仕様の例を載せる。

　第一に、必要な発振周波数を決める。その後、その周波数で発振が可

〔表3-3〕一般的なマイクロ波電源の仕様例

項目	規格		備考	
周波数	発振周波数	xxMHz±xxMHz	+25℃（ケース温度）	基本となる発振周波数
	温度変動	±xxMHz	0～+60℃ （ケース温度）	温度による周波数の変動幅を規定
	電源変動	xxMHz/V 以下		電源電圧を変化させたときの周波数変動を規定
	負荷変動	xxMHz 以下	全位相	負荷を変えた時の周波数変動を規定
電力	出力電力	+xxdBm±xdB	+25℃（ケース温度）	出力電力レベルを規定
	温度変動	±xxdBm	0～+60℃ （ケース温度）	温度による出力電力の変動幅を規定
	電源電圧	xxV ±5%		使用する電源電圧を規定
	消費電流	xxxmA 以下		電源ごとの消費電流最大値を規定
温度	使用温度	－xx℃～+xx℃		仕様を満たす温度範囲

－ 56 －

能な発振源を選定する。選定には発振源の出力電力や温度安定性、サイズなど様々な項目があるが、ここでは簡単に入手可能で小型かつ取り扱いのしやすい VCO（Voltage Control Oscillator）を考える。VCO は印加電圧により周波数をある範囲内で変更することが可能な発振源であるため、電源の電圧変動によって周波数が変化する恐れがある。そのため、一度電源供給ラインと VCO の間にリニアレギュレータを入れて、常に安定な一定電圧を供給できる回路を構成することが望ましい。一方で、VCO は温度により発振周波数が変化してしまう特性があるため、動作温度範囲内での周波数変動を規定する必要がある。また、VCO は負荷によっても周波数が若干変動するため、発振源から見た負荷が 50 Ω よりも大きく変化するような系の場合は負荷による周波数変動を考慮する必要がある。以下に、例として図 3-9 に Analog devices 社の VCO（HMC391LP4）[14] の温度 25 ℃、80 ℃、-40 ℃ ごとの周波数調整電圧に対する発振周波数と出力電力の特性を掲載する（※データシートを参考に記載）。

　次に、出力電力を規定する。ここでは仮に 4.0 GHz で 37 dBm（5.0 W）以上のマイクロ波出力が必要であるとして進める。先ほどの VCO 単体では図 3-9 から、Tuning Voltage が 25 ℃ で約 1.2 V に合わせると、4.0 GHz で 5 dBm 程度の出力が可能であることが分かる。VCO 単体では出力が小さいため、後段に増幅回路を接続して、RF 電力を増幅する必要

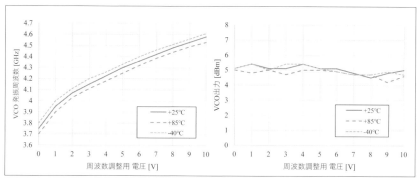

〔図 3-9〕VCO（HMC391LP4）の電圧、温度による周波数変動特性と
　　　　周波数－出力特性 [14]

がある。増幅素子は主に GaAs HBT や GaN HEMT が一般的に使用されており、各メーカーのカタログから 5 dBm → 37 dBm にするスペックの素子を選定すればよい。この時に参考にするパラメータは、Gain と Psat（飽和出力）もしくは P1dB, P3dB である。周波数帯にも依存するが、一般的に GaAs の場合は、Psat が 27 dBm 前後であることが多く、GaN の場合は Psat は 30 dBm 以上取れるが Gain が限られ、入力電力を大きくしないといけない。そのため、ドライバアンプとして GaAs HBT を用いて、最終段のパワーアンプとして GaN HEMT を用いることで、2 段構成で 37dBm を満足するマイクロ波電源を設計することを考える。初段の増幅回路として、Analog devices 社の GaAs HBT（HMC326MS8G）[15] を使用するとし、図 3-10 にデータシートに記載されている 3.5 GHz における入力電力に対する、出力電力、利得、PAE のグラフを記載する（※ データシートを参考に記載）。図から入力電力が 5 dBm の場合、利得が約 20 dB で出力が 25 dBm 出せることが分かる。さらに、最終段には MACOM 社の GaN HEMT（CGH40010F）[16] を使用し、図 3-11 に 3.6 GHz における出力電力に対する利得と効率のグラフを掲載する（※ データシートを

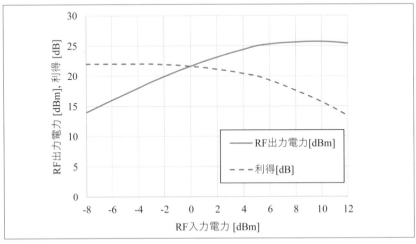

〔図 3-10〕初段の増幅素子（HMC326MS8G）の入力電力に対する出力、利得、PAE[15]

参考に記載)。図から 38 〜 39 dBm 出力の際に利得が約 13 dB となるため、入力電力が 25 dBm の時には 13 dB 電力が増幅され 38 dBm の出力が得られることが分かる。注意していただきたいのは、この GaAs HBT と GaN HEMT のデータシート上の性能はあくまでメーカーが設計した評価基板で測定した値である。自分たちで使用する場合は動作点によって性能が異なるので、あくまで増幅素子の選定の参考として活用する。

　最終段のパワーアンプの先には接続される負荷の変動による反射によって増幅回路を保護する役割を持つ、アイソレーターを一般的には入れる必要がある。アイソレーターの選定には、適用周波数、許容可能な透過電力と反射電力、挿入損失等が要求に合っているものを探して選定する。ここでは要求に当てはまる例として、基板上のパターンに直接実装できるタイプの Orient Microwave 社 Drop-in Isolator (FI3642-10R) [17] を適用する。データシートを見ると、適用周波数が 3.6 GHz 〜 4.2 GHz で許容可能な透過電力と反射電力がそれぞれ 40 dBm (10W)、挿入損失

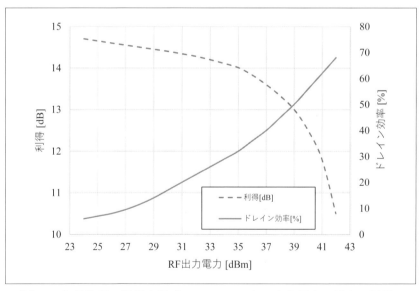

〔図 3-11〕最終段の増幅素子（CGH40010F）の出力電力に対する利得とドレイン効率 [16]

が−0.35 dB と小さく、今回のシステム要求に適している。

今回の例で取り上げた、4.0 GHz で 37 dBm（5.0 W）以上のマイクロ波出力要求を満足する、VCO と増幅素子、アイソレーターをブロック図にまとめたものを図 3-12 に示す。繰り返しになるが、増幅素子のデータシートでの利得や効率の値は、あくまでメーカーが設計した評価回路での測定値で記載されていることに留意いただきたい。増幅回路を所望の性能で動作させるには、インピーダンスを適切に設定したうえで、これらの発振源−アンプ回路−アイソレーターを適切に整合回路で接続する必要がある。

以降の章では、増幅回路でより具体的にどういった項目を見れば、全体のマイクロ波電源回路として適切に機能する性能が得られるかを説明する。

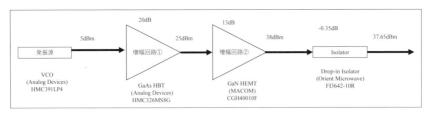

〔図 3-12〕マイクロ波電源の具体的な構成ブロック図

3.8　異常発振とK値

　増幅回路の入力インピーダンスや出力インピーダンスなどの条件によっては、ある周波数帯で増幅回路の反射電力が1倍を上回ることで正帰還となり、増幅回路自身や外部からの電源ノイズなどの相乗効果により、所望の周波数帯とは別の周波数を拾って、その周波数と自身の周波数や高調波による様々な変調周波数を出してしまうことがある。この現象を異常発振と呼び、所望の動作が不可能かつ他のシステムに悪影響を与える。また最悪の場合増幅素子が故障する場合もあり、完全に避けなければならない動作モードである。図3-13に正常動作時と異常発振発生時のスペクトラムアナライザの波形例を示す。

　異常発振を起こさないためには、増幅回路にどのような周波数が入力されても、どのようなインピーダンスの負荷が入出力側に接続されても、反射が正帰還のループにならないようにする必要がある（無条件安定）。その条件を満たすようにする条件式がK値と呼ばれる指標であり、以下の指標の組み合わせを満足する条件を満たせば、異常発振が起こる可能性を無くした設計ができる。K値の式および異常発振が起こらない条件式を以下(3-9)、(3-10)に示す。

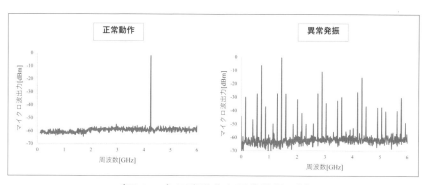

〔図3-13〕正常動作と異常発振の例

❀ 3 章　マイクロ波源の設計

$$K = \frac{1 - |S_{11}|^2 - |S_{22}|^2 + |\Delta|^2}{2|S_{12}S_{21}|} > 1 \quad \cdots\cdots\cdots\cdots\cdots\cdots\cdots \quad (3\text{-}9)$$

$$|\Delta| = |S_{11}S_{22} - S_{12}S_{21}| < 1 \quad \cdots\cdots\cdots\cdots\cdots\cdots\cdots \quad (3\text{-}10)$$

　K>1 の条件を満たす場合でも、複雑なアンプの回路系では何らかの原因で異常発振が起こる可能性もある。外部要因には様々な原因が考えられ、負荷の状況、温度、シールド金属筐体、電源からのノイズなど回路起因以外からの外乱をなるべく抑える必要がある。もし異常発振が起こってしまった場合には以下の項目を確認するとよい。

・実機環境を含む詳細な解析が可能な場合は、解析で K>1 の余裕がある回路パターンに改めて修正する
・DC バイアス系のノイズが異常発振の原因の可能性もあるため、バイアス回路の取り回しやバイパスコンデンサの定数を調整する
・外部環境やシールドケースが問題の場合、ケースのありなしや筐体を変えて試験してみる
・増幅回路のゲート側に直列でチップ抵抗を入れる（ダンピング抵抗）、数 Ω 程度で収まらなければ抵抗値を少しずつ上げていき異常発振が収まるか確認する。ただし、抵抗が入ることで入力電力のロスが発生するため出力や効率が悪化する、抵抗と並列にキャパシタを入れることも可能

－ 62 －

3.9　最大有能電力利得

　増幅回路の入力側と出力側が共役整合されたと仮定した場合に、増幅回路の最大利得がどの程度かを S パラメータを用いて算出することが可能である。

　高周波増幅回路用途の半導体素子のデータシートには一般的に小信号動作での S パラメータが記載されていることが多い。このデータを用いることで入力電力が小信号（線形動作時）の最大利得を計算で求めることが可能である。この際に増幅器が無条件安定化の場合は、アンプの入出力側共に共役整合を取ることができ、この際の最大利得を最大有能電力利得（MAG: Maximum Available Gain）と定義し、その算出式を式 (3-11)に示す。また、条件付き安定の場合はこの条件を満たすことができず、入出力共に共役整合を取ることができない。この場合の最大利得を最大安定利得（MSG: Maximum Stable Gain）と定義し、式 (3-12) で定義される。

$$\text{MAG} = \frac{|S_{21}|}{|S_{12}|}(K - \sqrt{K^2 - 1}) \quad \cdots\cdots\cdots\cdots\cdots\cdots\cdots\cdots \text{(3-11)}$$

$$MSG = \frac{|S_{21}|}{|S_{12}|} \quad \cdots\cdots\cdots\cdots\cdots\cdots\cdots\cdots\cdots\cdots \text{(3-12)}$$

　この値はデータシート等に記載されている S パラメータデータやネットワークアナライザでの小信号利得の測定から、大まかに増幅素子がどの程度の最大利得を出せるのかを判断するためによく使われる。ただし、実際に大電力かつ高効率に増幅回路を動作させるためには、小信号ではなく大信号で最大有能電力利得を見積もりたい場面が多い。一般的に大信号（非線形動作時）は出力レベルによっては、ネットワークアナライザでの電力測定範囲を上回る入力電力が必要になるため、容易に測定できない場合が多い。大信号 S パラメータを取得する際は、ネットワークアナライザの測定信号に加えて、別系統で方向性結合器を介した増幅回路への電力供給により大信号作動させながら、S パラメータを取得する

❀ 3章　マイクロ波源の設計

方法が用いられる。

　大信号動作時に具体的な最大利得や最高効率、それらのインピーダン
ス条件を求めるには、3.11 節で説明するソースプルとロードプル測定を
行うことで、直接的に最適動作点を知ることが可能である。また、増幅
素子を提供するメーカーによる大電力モデルが存在すれば、電磁界シ
ミュレーターによる回路解析で設計を行うことも可能である。

3.10 　増幅回路の動作モード

　増幅回路には増幅素子を動作させる動作点の条件により、A 級、B 級、AB 級、C 級、F などの様々な動作モードが存在する。A、B、AB、C 級はそれぞれ増幅素子を動作させるゲート電圧とドレイン電圧のバイアス条件と RF 入力電力の大きさによって、増幅素子のドレイン電流とドレイン電圧の波形をどのように設定するかで分類される。この時の増幅素子の電流波形が ON の領域が一周期に対してどの程度の割合かを表す指標を導通角と定義し、この動作モードによって最高効率や出力が変化する。表 3-4 に各種増幅回路の動作モードの導通角と最高効率、出力をまとめたものを記載する。また、導通角に対する効率と出力の関係を図3-14 と式 (3-13) で記載する。

$$\text{ドレイン効率 } \eta = \frac{1}{4} \cdot \frac{\theta - sin\theta}{sin\left(\frac{\theta}{2}\right) - \frac{\theta}{2}cos\left(\frac{\theta}{2}\right)} \quad \cdots\cdots\cdots\cdots (3\text{-}13)$$

　F 級増幅回路は、B 級動作時に増幅素子の出力端から見た高調波インピーダンスを調整することで、増幅素子から発生した高調波電力を外部に漏らさずに、増幅素子に重ね合わさせて波形を矩形波に近づけることで、電流波形と電圧波形の重なりによるスイッチング損失を低減させ、高効率化を行う方法である [19]。

　F 級において、増幅素子の出力端から見たインピーダンスは、基本波はロードプル測定で得られた最適インピーダンスに合わせ、偶数高調波を 0（短絡）に、奇数高調波を ∞（開放）にすることで、増幅素子での電

〔表 3-4〕増幅回路動作モード

動作モード	導通角	最高効率	RF 出力（A 級を 1 とした場合）
A 級	$\theta = 2\pi$	50%	1
AB 級	$\pi < \theta < 2\pi$	50% 〜 78.5%	+0.2dB 〜 0.3dB
B 級	$\theta = \pi$	78.50%	1
C 級	$\theta < \theta < \pi$	〜 100%	効率の上昇とともに減少

3章 マイクロ波源の設計

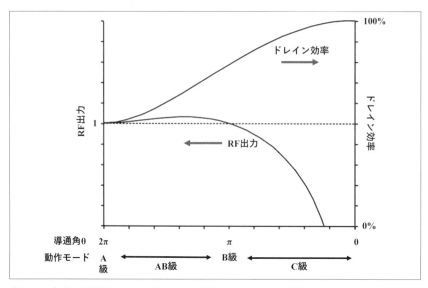

〔図3-14〕各種動作モードの導通角に対するドレイン効率とRF出力の関係[18]

圧波形が矩形波となり、B級動作の電流波形と組み合わせることで、ドレイン電圧とドレイン電流の波形が重ならなくなる。そのためF級の理論効率は100 %である。先行研究等を見ても、通常は3次高調波までを適用して設計することが多く、これは高調波整合が3次高調波を超えると、整合回路の複雑性が増し、整合回路の損失の方が効率の向上よりも大きくなると言われている[20]。3次高調波まで高調波処理をした場合のF級動作の理論上の効率は90.7 %に低下する[21]。

図3-15、図3-16にF級動作時の整合回路と電流電圧波形のイメージを載せる。また、3次までの電流波形と電圧波形は以下の式 (3-14)、(3-15) で記載することができる。

$$i_D = I_{max} cos\theta \ \left(-\frac{\pi}{2} < \theta < \frac{\pi}{2}\right)$$
$$i_D = 0 \ (-\pi < \theta < \frac{\pi}{2}, \frac{\pi}{2} < \theta < \pi) \quad \cdots\cdots (3\text{-}14)$$

$$v_D = 1 - \frac{2}{\sqrt{3}} cos\theta + \frac{1}{3\sqrt{3}} cos3\theta \quad \cdots\cdots (3\text{-}15)$$

実際にF級増幅回路を設計する際には、目標とする高調波インピーダンスが完全に0と∞になることはない。民生品の増幅素子はパッケージ化されていることが多く、内部のベアチップからパッケージ化での位相のずれが発生している。そのため、3.11節で説明するロードプル測定による、実際の素子のドレイン端子の端面かつ各種動作点において、高調波インピーダンスをスミスチャート上で掃引した際の、最高効率点の目標インピーダンスを実際に測定することが必要である。

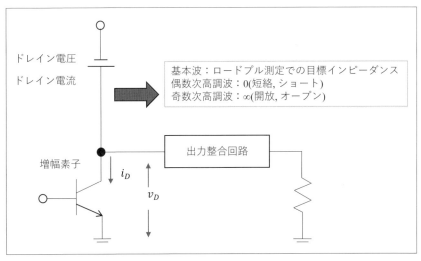

〔図3-15〕理想回路におけるF級動作のインピーダンス条件

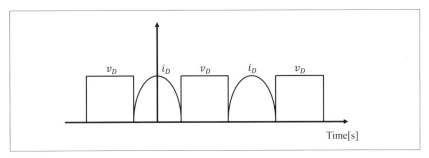

〔図3-16〕理想的なF級動作時の増幅素子における電流と電圧波形

3.11 ソースプルとロードプル

　増幅素子が入力側と出力側のどのようなインピーダンス条件で最大の効率と出力が出るのかを測定する方法として、ソースプル測定とロードプル測定がある。試験系のイメージを図3-17に示す。インピーダンスチューナーと呼ばれる機械的にスタブ位置と長さを自動調整する装置を用いて、増幅素子から見てソース側（ソースプル）またはロード側（ロードプル）のインピーダンスをスミスチャート上で広帯域に掃引しながら、各種性能を測定してマッピングを行い、コンター図で表示することができる。この測定により、増幅素子がどの程度最高出力もしくは最高効率を発揮することができるかを知ることができると同時に、その最高性能地点でのインピーダンスを知ることができ、整合回路設計の際にこのインピーダンスを目標インピーダンスとして設計を行えばよいことを直接的に知ることができる。最高性能を出すためにはソース側とロード側を両方最適なインピーダンス点に合わせる必要がある。また、F級動作の場合はロード側を基本波の他に2次高調波と3次高調波、より高次の高調波まで測定することでより高性能なインピーダンス点を見つける

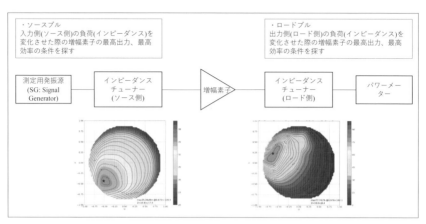

〔図3-17〕ソースプル測定およびロードプル測定の概要

ことができる。システムの要求によっては性能を出力側と効率側のどちらに取るのか、インピーダンスの目標地点を変えて整合回路を設計する。
　測定の基本的な順番を以下に一例として記載する。

①ロード側のインピーダンスチューナーの基本波および高調波をすべて 50 Ω に固定してソースプル測定を実施
②ソースプル測定で得られた最高利得のインピーダンスにソース側インピーダンスを固定して、ロード側の基本波周波数のロードプル測定を実施（ソース側は主に利得に寄与するため利得の最大値のインピーダンスに合わせる）
③（F 級の場合）ソース側を最高利得インピーダンスに固定、ロード側の基本波を最高効率インピーダンスに固定した後に、2 次高調波をロードプル測定し、得られた結果に対して最高効率点で 2 次高調波インピーダンスを固定して、3 次高調波以降も同じ要領で測定する
④増幅素子自身のインピーダンスは入力電力、ゲート電圧、ドレイン電圧などによって変化するため、①～③の結果はアンプの動作条件によって最適インピーダンスが変化する。そのため必要であれば①～③の測定を入力電力や動作電圧を変えて実施する

3.12 多段増幅回路の設計方法

　増幅回路の出力を増加させるために増幅回路の段数を増やす方法が多く用いられている。一般的な信号発振源の電力は微弱なため、その後段に増幅回路を用いて電力の増幅を行うが、1段目の増幅回路で増幅された電力をさらに後段の2段目の増幅回路で増幅、これを所望する電力が得られるようにn段の構成で増幅することが可能である。これは、全体的なシステムとしてどういった段数構成にすればよいか、各増幅段での電力レベル、効率、DC電力の供給系、サイズ、熱、インピーダンス整合において、単体の増幅回路に比べて複雑なシステムになる。図3-18にn段の多段増幅回路の構成図を示す。

多段増幅回路のRF出力電力

　n段の多段増幅回路それぞれの利得をG1…Gn[dB]とする、発振源の入力電力をPin[dBm]とすると、最終的な出力をPout[dBm]は以下の式(3-16)で表される。またワット単位で表記した場合は式(3-17)で表される。

　実際に測定できるのは最終段の出力のみであるため、多段増幅回路の場合は途中の段での出力と入力電力がどの程度かを測定することができない。完全に独立した50Ω系の増幅回路を繋げた場合は理想的には増

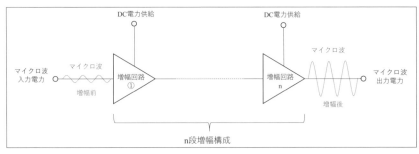

〔図3-18〕n段の多段増幅回路の構成図

幅回路単体で測定した性能を連結した性能になるが、実際には観測することができない。

$$P_{out}[\text{dBm}] = P_{in}[dBm] + G_1[dB] + G_2[\text{dB}] + \cdots + G_i[\text{dB}] + \cdots G_N[\text{dB}]$$
$$\cdots\cdots (3\text{-}16)$$

$$P_{out}[\text{W}] = P_{in}[W] \times G_1[-] \times G_2[-] \times \cdots \times G_i[-] \times \cdots G_N[-]$$
$$\cdots\cdots (3\text{-}17)$$

多段増幅回路のドレイン効率とTotal効率

多段増幅回路の場合、最終段の増幅回路のドレイン効率に加えて多段増幅回路全体でのDC消費電力とRF出力電力の割合で全体の効率を定義することができる。この効率は本書ではTotal効率と表記することにする。こちらも実際に多段増幅回路を動作している際に測定できるパラメータは最終段の出力と各種増幅回路のドレイン電圧とドレイン電流の積であるDC消費電力のみである。そのため、以下の式(3-18)、(3-19)で示す最終段のドレイン効率[%]とTotal効率[%]は測定することが可能である。

$$\text{最終段ドレイン効率}\eta_N[\%] = \frac{P_{out}[W]}{P_{dc\_N}[W]} = \frac{\text{RF 出力}[\text{W}]}{\text{最終段 DC 消費電力}[\text{W}]}$$
$$\cdots\cdots (3\text{-}18)$$

$$\text{Total 効率}[\%] = \frac{P_{out}[W]}{P_{dc\_発振源} + P_{dc\_1} + P_{dc\_2} + \cdots + P_{dc\_i} + \cdots + P_{dc\_N}[W]} = \frac{\text{RF 出力}[\text{W}]}{\text{全 DC 消費電力}[\text{W}]}$$
$$\cdots\cdots (3\text{-}19)$$

式(3-19)のTotal効率は各段の増幅回路のドレイン効率をη_i、利得をGiとすると、以下の式(3-20)に変形して記載することができる。

$$\text{Total 効率}[\%] = \cfrac{1}{\cfrac{1}{G_2 \cdots G_N \eta_1} + \cfrac{1}{G_3 \cdots G_N \eta_2} + \cdots + \cfrac{1}{G_{i+1} \cdots G_N \eta_i} + \cdots + \cfrac{1}{\eta_N}}$$
$$\cdots\cdots (3\text{-}20)$$

この式(3-20)から、利得Gはほとんどの場合G≫1であるため、Total

- 71 -

効率はほぼ最終段の増幅回路のドレイン効率に依存していることが分かる。これは、最終段の利得が大きいほど前段での消費電力の割合が小さくなるため、Total 効率は最終段のドレイン効率に近くなることを式で表しており、逆に最終段の利得が著しく小さくなるような使い方をすると、その前段の増幅回路の効率が Total 効率に大きく寄与する結果となる。さらに見方を変えると、前段の増幅回路の効率が悪くても、最終段の増幅回路が高効率な動作点となるように使用すれば、Total 効率を高くすることが可能である。(前段のドレイン効率を非常に高くすることができた場合でも、最終段の動作点が悪くなり最終段ドレイン効率が悪化すると、結果的に Total 効率は悪化する)。

　上述の内容をまとめると n 段の増幅回路は以下の観点が重要である。

・最終段のドレイン効率が全体効率に一番寄与するため、最終段の効率をなるべく高くする設計にすると良い
・最終段の利得が高いほど、前段までの効率の寄与が小さくなり、最終段のドレイン効率と Total 効率の値が近くなる
・システム要求の出力が最終段増幅回路の出力となり、その際に最終段のドレイン効率が最大となる最終段利得になるように、前段の入力電力を調整する

　例えば、設計の指針の一例として、前段の増幅回路は効率よりも出力重視で整合回路を設計し、最終段増幅回路は効率重視で整合を取ることで、高出力かつ高効率のバランスが取れた作動にすることも可能である。多段増幅回路の場合はシステムの要求に応じて、最終段が一番効果的に動作する動作点となるように設計することが重要である。

3.13　DCバイアス線路

　増幅回路を駆動させるためには、GaAs や GaN の増幅素子にゲート電圧とドレイン電圧を RF 線路上に DC バイアス線路を介して供給する必要がある。バイアス線路は RF の動作には基本的には関係ないため、RF 電力伝達のメインとなる伝送線路からバイアス線路へ RF 電力が伝達して損失となることを防ぐ必要がある（バイアス線路をインピーダンス整合回路の一部として設計し、機能統合している先行研究例も存在する）。マイクロ波がバイアスラインになるべく流出しないようにするには、マイクロ波から見た際のバイアス線路へのインピーダンスが高ければよい。そのため、一般的にバイアス線路は線路幅を細くする（マイクロストリップラインの特性インピーダンスが増加）、チョークコイルを入れる（jωL でインピーダンスが増加）、λ/4 のショートスタブ (キャパシタを介して短絡) が主に用いられている。図 3-19 にバイアス線路のイメー

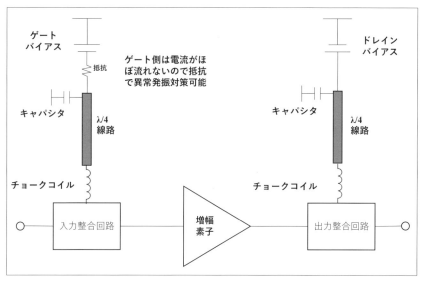

〔図 3-19〕DC バイアス線路のイメージ

ジ図を示す。

　また、バイアス線路の先には DC の電源回路が筐体の外から接続されるため、電源回路からのノイズを抑えるバイパスコンデンサを入れ、筐体とシールドをしながらキャパシタの役割を持つ貫通コンデンサを用いて筐体の外に端子を持っていく方法が一般的に用いられている。

3.14 増幅回路全体での
インピーダンス整合回路の設計

　増幅回路の設計で一番重要なのは、回路全体でのインピーダンス整合である。

　単体の増幅回路ではソースプル＆ロードプルの目標インピーダンスとなるように、増幅素子から見たインピーダンスをスタブや電子部品で調整することで最適動作設計が可能である。前段の増幅回路と後段の増幅回路を連結させる際に、個々の増幅回路を完全に独立して $50\,\Omega$ に合わせた整合回路を作製するか、前段と後段のインピーダンスをお互いに直接接続するように整合回路を設計するかで設計方針が大きく異なる。

個々の増幅回路単体を $50\,\Omega$ の独立系として設計して多段アンプを構成する場合

　一番基本的な構成は増幅回路単体を $50\,\Omega$ となるように整合回路を構成して、それぞれ増幅器①と増幅器②の単体で性能を出した後に、増幅器①の出力線路を増幅器②にバイアスカットのキャパシタと $50\,\Omega$ 伝送線路を使用して直接接続する方法である。キャパシタは所望の周波数で自己共振周波数となりインピーダンスが $0\,\Omega$ に近いものを選ぶことで、直列接続時のインピーダンス変化の影響が抑えられる。$50\,\Omega$ 伝送線路は基本的にはマイクロストリップ線路で接続が想定されるが、一度コネクタを介して同軸線路で接続をすることもできるため、この方法ではそれぞれアンプ単体としても使用可能かつコネクタを介して電力を増加させて使用することもできる。この方法は性能不良や不具合発生時に増幅回路単体でのデバッグが容易である。図 3-20 に増幅回路単体の $50\,\Omega$ 整合回路のイメージ図と、図 3-21 に前段と後段を接続して多段アンプを構成するイメージ図を掲載する。

● 3章 マイクロ波源の設計

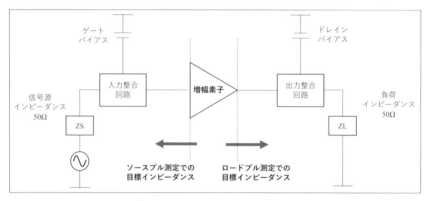

〔図3-20〕増幅回路単体の入出力整合回路のイメージ

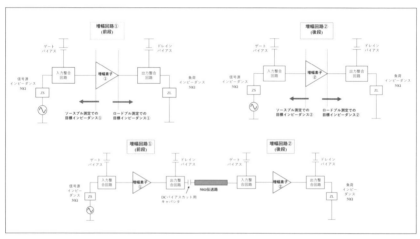

〔図3-21〕50 Ω整合での前段と後段の多段接続

前段と後段の増幅回路が直接インピーダンス整合するように多段構成する場合

　前述した方法は前段の増幅器の出力整合回路を一度50 Ωに整合をし、後段の入力整合回路で一度50 Ωに整合したものをお互いに50 Ω伝送線路で接続しているのに対し、前段の目標とする出力インピーダンスと後段の目標とする入力インピーダンスを直接的に整合回路で接続する方法がある。この方法は複雑ではあるが、うまく設計ができれば伝送線路の

- 76 -

短縮による小型化と伝送損失を低減することが可能である。この方法による多段増幅回路の構成イメージを図 3-22 に示す。前段の出力側のインピーダンスは整合回路と増幅器②の入力インピーダンスにより構成され、この値がロードプル測定での目標インピーダンス①になるべく一致するように整合回路を設計する。それと同時に後段の入力側のインピーダンスは整合回路と増幅器①の出力インピーダンスにより構成されるため、この値がソースプルでの目標インピーダンス②となるべく一致するように、お互いのインピーダンスが目標インピーダンスに近くなるような設計を行う。

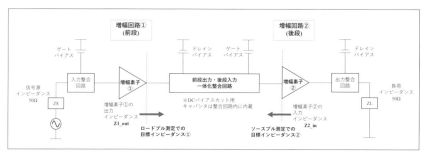

〔図 3-22〕50 Ω 整合での前段と後段の多段増幅回路接続

❀ 3章　マイクロ波源の設計

3.15　具体的なマイクロ波電源の設計手順

　最後に今までの内容をもとに、実際のマイクロ波電源設計の全体の流れを整理する。

　図 3-23 にマイクロ波電源設計のフローチャートの一例を示す。

　まずは全体のシステム要求を明確にする。ここは 3.7 節を改めて参照されたい。最終的に DC 消費電力が何 W まで許容されて、RF 出力電力を何 W 以上供給すれば所望のシステム要求を達成できるのか。周波数は何 GHz が必要で温度や負荷の変動での変化幅は ± 何 GHz か、といった項目が代表的な要求となる。

　次にこれらを満たすために、どの発振源を用いるか、どの増幅器を用いるか、増幅器の段数は何段に設定するか、といった項目を定める。これは最初の要求周波数の発振を満たす発振源を各メーカーのカタログから選定し、その発振源の RF 出力が判明すると、最終出力を満たすには何 dB の利得が必要か判明するため、その要求を満たす増幅器を選定す

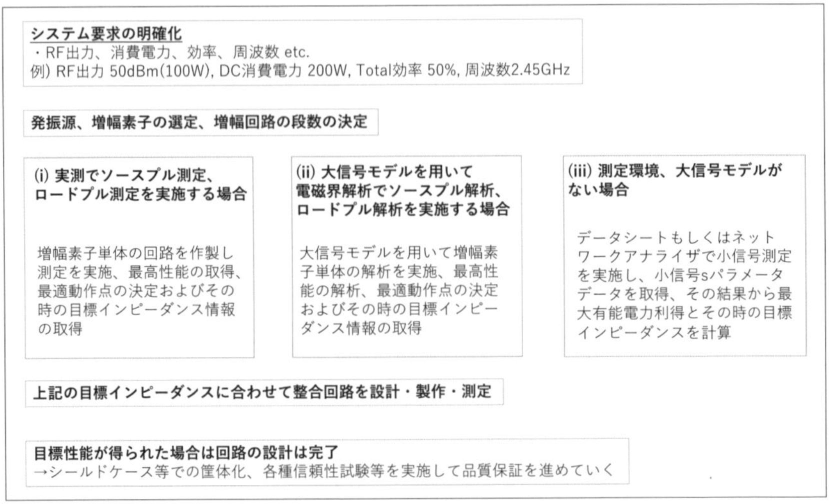

システム要求の明確化
・RF出力、消費電力、効率、周波数 etc.
例) RF出力 50dBm(100W)、DC消費電力 200W、Total効率 50%、周波数2.45GHz

発振源、増幅素子の選定、増幅回路の段数の決定

(i) 実測でソースプル測定、ロードプル測定を実施する場合	**(ii) 大信号モデルを用いて電磁界解析でソースプル解析、ロードプル解析を実施する場合**	**(iii) 測定環境、大信号モデルがない場合**
増幅素子単体の回路を作製し測定を実施、最高性能の取得、最適動作点の決定およびその時の目標インピーダンス情報の取得	大信号モデルを用いて増幅素子単体の解析を実施、最高性能の解析、最適動作点の決定およびその時の目標インピーダンス情報の取得	データシートもしくはネットワークアナライザで小信号測定を実施し、小信号sパラメータデータを取得、その結果から最大有能電力利得とその時の目標インピーダンスを計算

上記の目標インピーダンスに合わせて整合回路を設計・製作・測定

目標性能が得られた場合は回路の設計は完了
→シールドケース等での筐体化、各種信頼性試験等を実施して品質保証を進めていく

〔図 3-23〕マイクロ波電源設計の進め方

る。増幅器が1段で出力が足りない際には、2段3段とその段数を増やして検討する。

　ここまでで、ひとまず所望のシステム要求に対して、満足する発振源、各段ごとの増幅器の増幅素子の選定が何種類か候補をリストアップできる。次の段階では、この増幅素子が実際にどの程度の出力を満たし、効率は最高でどれくらいまで伸びるのか、動作点はどういったモードであればより高出力かつ高効率で動作できるのか、その際のインピーダンスはどこなのか、などを実際に確かめる必要がある。ここで実施環境によって分岐が発生するが、使用する増幅素子の解析モデルをメーカーから入手できるのであれば電磁界解析ソフトウェアを用いて動作点パラメータ（ゲート電圧、ドレイン電圧、入力電力、周波数等）を変化させた際のソースプル＆ロードプル解析をシミュレーションで実施することができ、この際の出力円と効率円の最大値とそのインピーダンス情報を解析で得ることができる。ソースプル＆ロードプル測定を実測で測定ができる場合は、Maury Microwave 社や Focus Microwave 社などが提供しているソースプル＆ロードプル測定が全自動で測定可能なオートチューナーを用いて、増幅素子単体のゲートとドレインの端子面にディエンベディングで合わせて測定を行うことで、効率円と出力円の最高値とその目標インピーダンスを実測で調べることができる。どちらもない環境の場合はひとまず小信号利得ベースで設計するしかなく、データシートや製品サイトから s2p の小信号 S パラメータデータを入手することができるのであれば、その値を用いて最大有能電力利得とそのインピーダンスを計算で求めることができる。また、S パラメータのデータがない場合でも小信号 S パラメータであればネットワークアナライザを用いて小信号でドライブしながら測定できるためデータの入手は比較的容易である。また、計測系は複雑になるが、増幅素子を別系統で大信号ドライブさせながら所望の動作点での大信号 S パラメータを測定する方法もある。

　上記のプロセスにより各増幅素子の最高効率 or 最高出力、その際の動作点パラメータ（ゲート電圧、ドレイン電圧、入力電力、周波数等）、およびそれを実現させる目標インピーダンスが判明したとする。ここで

注意したいのが、効率円の最高点と出力円の最高点のインピーダンスが大信号動作の場合に一般的には異なる点である。そのため効率を最高に設定するのか、出力を最高に設定するのか、はたまた最高点ではないが効率と出力の両方を両立する地点を目標に選ぶのかは、システムの要求によって変化する。これらにより、システム要求を満たす、発振源、増幅素子が選定でき、かつその素子の動作点パラメータと目標インピーダンスを定義することができた。ここまでくるとアンプ全体のブロック図とレベルダイヤグラムを定義することができる。図3-24にシステム要求を満足する多段アンプのブロック図を、図3-25にレベルダイヤグラ

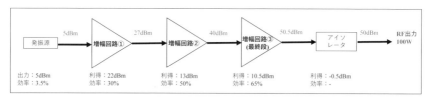

〔図3-24〕100 W 出力要求の多段増幅回路のブロック図

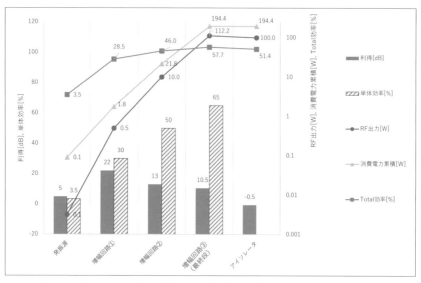

〔図3-25〕100 W 出力要求の多段増幅回路のレベルダイヤグラム

ムの例を示す。

　この段階まで来ると実際に目標とするインピーダンスを満たす整合回路の設計を行うことができる。あらかじめマイクロ波アンプ回路にシステムからレイアウトの制約があるのであれば、回路のサイズを意識して、基板材料、DC バイアス回路、発振源の動作用のバイアス回路、アイソレーター、筐体および外部 DC 電源との接続コネクタ、RF 出力コネクタ、GND 結合用のスルーホール、熱設計とサーマルビアなどの配置と接続を考慮しながら、整合回路を設計する。完成した整合回路は整合回路単体でディエンベディングを用いてネットワークアナライザで所望の目標インピーダンスになっているかを単体で確認するとよい。実際に増幅回路として動作させた際にロードプル、ソースプル動作と同じインピーダンス動作点の挙動をしているかの整合性を確認することができるため、修正＆改善のフィードバックにつながる。前述した増幅回路をそれぞれ独立な 50 Ω 系で設計しているのであれば、まずは増幅単体の回路で想定通りの性能が出るかを確かめ、その後に発振源 - 増幅器① - 増幅器② - 増幅器③ - アイソレーターを 50 Ω 伝送線路で接続してシステム要求の所望の性能を満足するか評価できる。整合回路を前段と後段とで一体化の作製をしている場合は最初から全体をつなげて測定するしか方法がない。周波数が高くなるほど波長が短くなるため、回路パターンの寸法誤差や解析の複雑さが増加し、設計と実測のずれが生じやすい。そのため 1 回で設計通りの性能が出ることの方がまれであり、整合回路の設計においては若干の寸法違いの回路を数パターン用意しておくか、意図的に銅箔パターンの飛び地などでチップ部品を挿入できるようなパターンを用意しておいて、銅箔の切り貼りやチップ部品の定数変更で微調整できるようにしておくと、デバッグがやりやすく、次への改善点が見つけやすくなる。

　この繰り返しで、システム要求の大項目に関して所望の要求を満足できたらひとまずはマイクロ波電源の完成である。あとは、製品としてヒートサイクル試験等の環境試験を実施して、性能の変動幅や劣化、クリティカルな故障モード等なく安定動作が品質保証の基準を満足できれば、開

発は完了である。

参考文献

[1] S. Oliver, "Optimize a Power Scheme for these Transient Times", Electronic Design, Sep 30, 2014.

[2] MTT-S student PA design competition
https://ims-ieee.org/sites/ims2019/files/content_images/SDC2_High%20Efficiency%20Power%20Amplifier%20Design.pdf

[3] A. Grebennikov, J. Wong, and H. Deguchi, "High-Power High-Efficiency GaN HEMT Doherty Amplifiers for Base Station Applications", IEICE Trans. Electron., Vol.E104–C, No.10, October 2021.

[4] A. Suzuki and S. Hara, "2.4GHz high efficiency GaN power amplifier using matching circuit less design", 4th Australian Microwave Symposium, Sydney, Australia, 13–14 February 2020.

[5] K. Chen and D. Peroulis, "A 3.1-GHz Class-F Power Amplifier With 82% Power-Added-Efficiency", IEEE Microwave and Wireless Components Letters, Vol. 23, No. 8, August 2013.

[6] T. Yamasaki, Y. Kittaka, H. Minamide, K. Yamauchi, S. Miwa, S. Goto, M. Nakayama, M. Kohno, and N. Yoshida, "A 68% Efficiency, C-Band lOOW GaN Power Amplifier for Space Applications", 2010 IEEE MTT-S International Microwave Symposium.

[7] H. Shigematsu, Y. Inoue, A. Akasegawa, M. Yamada, S. Masuda, Y. Kamada, A. Yamada, M. Kanamura, T. Ohki, K. Makiyama, N. Okamoto, K. Imanishi, T. Kikkawa, K. Joshin, and N. Hara, "C-band 340-W and X-band 100-W GaN Power Amplifiers with Over 50-% PAE", 2009 IEEE MTT-S International Microwave Symposium Digest, 2009.

[8] B. Liu, M. Mao, D. Khanna, P. Choi, C. C. Boon, and E. A. Fitzgerald, "A Highly Efficient Fully Integrated GaN Power Amplifier for 5-GHz WLAN

802.11ac Application," IEEE Microwave and Wireless Components Letters, Vol. 28(5), May 2018.

[9] M. Kamiyama, R. Ishikawa, and K. Honjo, "5.65 GHz High-Efficiency GaN HEMT Power Amplifier With Harmonics Treatment up to Fourth Order," IEEE Microwave and Wireless Components Letters, Vol. 22, No. 6, June 2012.

[10] Y. Park, D. Minn, S. Kim, J. Moon, and B. Kim, "A Highly Efficient Power Amplifier at 5.8 GHz Using Independent Harmonic Control," IEEE Microwave and Wireless Components Letters, Vol. 27(1), January 2017.

[11] Y. S. Noh and I. B. Yom, "Highly Integrated C-Band GaN High Power Amplifier MMIC for Phased Array Applications," IEEE Microwave and Wireless Components Letters, Vol. 25, No. 6, June 2015.

[12] NICT "極限環境で利用可能な無線通信向け酸化ガリウムトランジスタを開発" https://www.nict.go.jp/press/2020/12/16-1.html

[13] T. Oishi, N. Kawano, S. Masuya, and M. Kasu, "Diamond Schottky Barrier Diodes With NO2 Exposed Surface and RF-DC Conversion Toward High Power Rectenna," IEEE Electron Device Lett. 38 pp.87-90, 2017.

[14] HMC391LP4

https://www.analog.com/media/en/technical-documentation/data-sheets/hmc391.pdf

[15] HMC326MS8G

https://www.analog.com/media/en/technical-documentation/data-sheets/hmc326.pdf

[16] CGH40010F

https://cdn.macom.com/datasheets/CGH40010.pdf

[17] FI3642-10R

https://www.orient-microwave.co.jp/pdf/omw_all_catalog_2020.pdf

[18] S. C. Cripps, "Advanced Techniques in RF Power Amplifier Design," Artech House Publishers, First Edition, 2002.

[19] Md. Golam Sadeque, Z. Yusoff, S. J. Hashim, A. S. M. Marzuki, J. Lees, and D. FitzPatrick, "Design of Wideband Continuous Class-F Power Amplifier Using Low Pass Matching Technique and Harmonic Tuning Network," IEEE Access, Vol. 10(29), August 2022.

[20] Ceylan, H. B. Yagci, and S. Paker, "Tunable class-F high power amplifier at X-band using GaN HEMT," Turkish J. Electr. Eng. Comput. Sci., Vol. 26, no. 5, pp. 2327–2334, Sep. 2018.

[21] V. Carrubba, A. L. Clarke, M. Akmal, J. Lees, J. Benedikt, P. J. Tasker, and S. C. Cripps, "The continuous class-F mode power amplifier," in Proc. 5th Eur. Microw. Integr. Circuits Conf., Paris, France, pp. 432–435, 2010.

4章

マイクロ波ワイヤレス給電の
受電側回路設計
〜アンテナ〜

これまでにマイクロ波ワイヤレス給電の概要および近年の研究動向と、送電側設計に関しての解説を行ってきた。本章と続く5章では、①送電側から空間中を送られてきた電磁波を捕集して交流に変換するアンテナ機構（4章）と、②アンテナから供給される交流を効率良く直流に変換して伝送システムの負荷であるアプリケーションに供給するための整流回路（5章）に関して概説する（図4-1）。

　受電側の性能を決定する一つ目の要素であるアンテナとは放射器であり、空間を伝搬してくる電磁波を受けて交流に変換する素子（受電アンテナ）、もしくはその逆にマイクロ波電源からの交流を共振させて電磁波として空間中に放射する素子（送電アンテナ）である。受電アンテナとして設計したアンテナは、同一の性能を持って送電アンテナとしても機能する。ここでは、混乱を防ぐために受電アンテナとして解説を進めていく。アンテナから整流回路への交流の供給源を給電点と呼び、給電点での電圧と電流の比であるアンテナの入力インピーダンスと、続く伝送路とのインピーダンスを整合させる必要がある。設計する全体の伝送システムに対して、この入力インピーダンスと、共振周波数に対するア

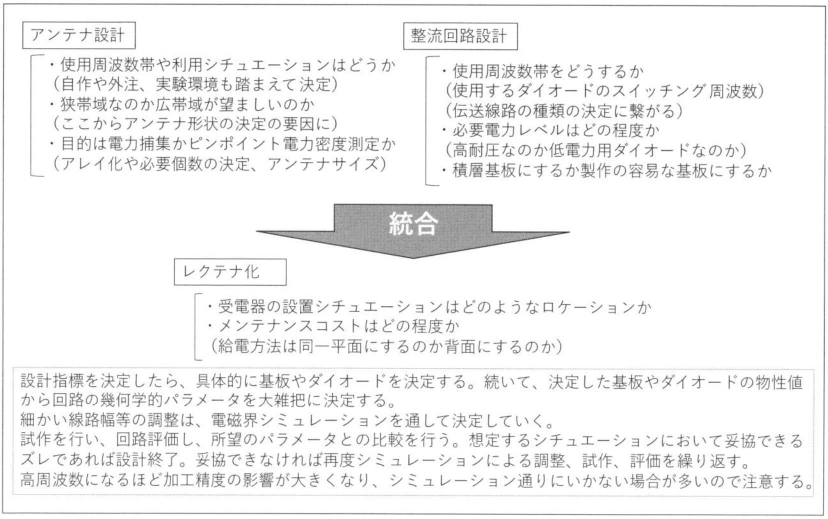

アンテナ設計	整流回路設計
・使用周波数帯や利用シチュエーションはどうか（自作や外注、実験環境も踏まえて決定）・狭帯域なのか広帯域が望ましいのか（ここからアンテナ形状の決定の要因に）・目的は電力捕集かピンポイント電力密度測定か（アレイ化や必要個数の決定、アンテナサイズ）	・使用周波数帯をどうするか（使用するダイオードのスイッチング周波数）（伝送線路の種類の決定に繋がる）・必要電力レベルはどの程度か（高耐圧なのか低電力用ダイオードなのか）・積層基板にするか製作の容易な基板にするか

統合

レクテナ化
・受電器の設置シチュエーションはどのようなロケーションか
・メンテナンスコストはどの程度か
（給電方法は同一平面にするのか背面にするのか）

設計指標を決定したら、具体的に基板やダイオードを決定する。続いて、決定した基板やダイオードの物性値から回路の幾何学的パラメータを大雑把に決定する。
細かい線路幅等の調整は、電磁界シミュレーションを通して決定していく。
試作を行い、回路評価し、所望のパラメータとの比較を行う。想定するシチュエーションにおいて妥協できるズレであれば設計終了。妥協できなければ再度シミュレーションによる調整、試作、評価を繰り返す。
高周波数になるほど加工精度の影響が大きくなり、シミュレーション通りにいかない場合が多いので注意する。

〔図4-1〕アンテナ及び整流回路の設計の流れ

ンテナの電気的大きさが決定され、それを基にアンテナの設計を行なっていくこととなる。設計されたアンテナには、固有の電波放射方向である指向性、空間中への電波の放射能力である利得、空間への電波放射形状である放射パターンといった性能評価指標パラメータを持ち、使用するアンテナの評価を行うことが必要となる。アンテナの形状は様々であり、パラボラアンテナやホーンアンテナと言った立体形状の開口面アンテナ、ダイポールアンテナやモノポールアンテナといった線状アンテナ、プリント基板上の銅箔を用いた平面アンテナ等がある（図 4-2、表 4-1）。それぞれに特徴があるため、使用状況によって適切に選択する必要がある。本書においては、アンテナの放射原理を簡単に示すため、最初に電気ダイポールの作る電磁界に関して説明する。続いてアンテナの性能指標パラメータを紹介する。代表的なアンテナのうち、著者らが作成した簡単な形状のパッチアンテナを元に具体的な設計手順を記載する。

　アンテナの説明を行った後は、アンテナで捕集して変換された交流を受け取る整流回路に関する説明を行う。整流回路はダイオードなどの非

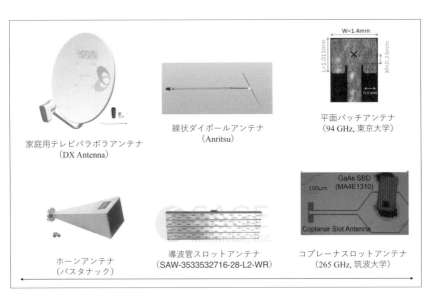

〔図 4-2〕様々なアンテナ [1]-[5]

線形素子と交流が伝送する伝送路によって構成され、特に非線形素子によって整流回路の性能が大きく左右される。また、アンテナと整流回路、整流回路と負荷のインピーダンス整合が取れているかという点に関しても損失を低減するという意味で重要である。これらの設計指針を元に、有限要素法を用いた電磁界解析および ADS 等の回路設計ソフトを用いて、詳細なパラメータを決定する流れとなる。

〔表 4-1〕代表的なアンテナの種類とその特徴

アンテナの種類	物理的サイズ	加工の容易性	利得	高周波数	頑強性	重量
線状アンテナ	波長～半波長立体的	◎	○	×	×	微軽
平面アンテナ	半波長平面	○	○	◎	△	軽
スロットアンテナ	半波長平面	△	○	◎	○～△	微軽～軽
開口面アンテナ	大型、利得に依存	×	◎	◎	◎	重

4.1 電気ダイポールとダイポールアンテナ

　ここではアンテナが空間中の電磁波との共鳴に関する基本原理を説明する。電気ダイポールが作る電磁界と、アンテナの給電点における電流素子が作る電磁界を同一とみなすことが出来る。アンテナの作る場は、一般により波源に近い領域から近傍界、フレネル界とされる。近傍界やフレネル界での波動インピーダンスは自由空間での波動インピーダンスとは大きく異なる。一方、波長に対してある程度離れた地点 r での電磁界を考えると、電磁場の r^{-3} と r^{-2} の成分は影響が小さくなり、遠方まで到達するのは球面波と近似的にみなせるようになる。さらに遠方電磁界では、平面波に近似的にみなせるようになり、この特徴的な界領域を遠方界と呼ぶ。

　また、実際にはアンテナは電気的大きさを持ち、アンテナの代表的な径として最も大きい開口長さを D とすると、特に近傍界やフレネル界においては中央からの波と端部からの波の位相や振幅の重なりを考慮する必要がある。アンテナの代表径 D が λ に比べて大きく位相変化の干渉が生じるようなフレネル界では、放射パターンが距離に依存して変化する。更にアンテナから離れると、一般に $D = 2r^2/\lambda$ を境界として、電磁場の r 方向成分は存在せず、電場と磁場が直交しながら伝搬していく。このように伝搬する波は TEM 波（Transaction electric and magnetic wave）と呼ばれ、遠方界での近似された電磁波の数式は単純であり、更に波動インピーダンスが自由空間のものに一致するため、後述するフリスの伝達公式を用いて近似的に受電電力の計算が簡易的に可能となる。また距離によって放射パターンは変化しないとみなせる。

　電気ダイポールの積分として線状アンテナにしたものが半波長ダイポールアンテナであり、その設計は極めて単純である。電磁波の周波数 f と波長 λ が光速 c に対して次の式で決定されることは既出である（$f = c/\lambda$）。ダイポールアンテナは電磁波の波長に対して長さ λ/2 で設計を行うことで、図4-3のような、電磁波が入射すると導体の両端において電圧が腹、

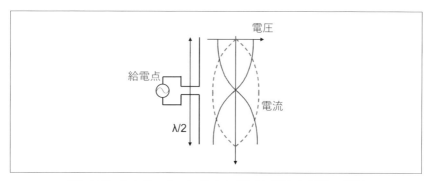

〔図 4-3〕ダイポールアンテナの電圧と電流の振動の様子

中央部で電圧が節になるような定在波が形成される。時間的に半周期毎に電流が変動するためそれに合わせて周囲の磁場の渦も変動する。磁場の変動によって電場が生じ、電磁波が空間中に放射されてゆく。図 4-4 にダイポールアンテナからの電界の空中放射に対する時刻変化のイメージ図を示した。これをアンテナの共振と呼び、アンテナが空間中の電磁場と伝送路上の電圧電流との結合を果たす役割の中核となっている。ダイポールアンテナは最も基礎的なアンテナと言えるが、周波数が高くなるにつれ、物理的なワイヤーが波長に対して大きくなり寄生成分が出るため、実用的ではなくなる。そこで、次節以降ではより高周波数に適している平面アンテナおよび開口面アンテナの解説を行うこととする。ダイポールアンテナやスロットアンテナは、高周波に適した平面アンテナのパッチ構造と組み合わせて、ダイポールやスロットアンテナ形状にすることで高周波化を実現している。

● 4章 マイクロ波ワイヤレス給電の受電側回路設計 〜アンテナ〜

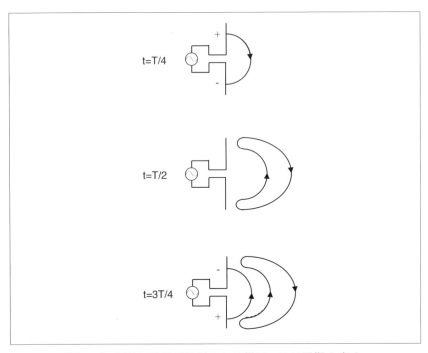

〔図 4-4〕空間に電界が放射される様子。T は周期を表す。

4.2 アンテナの評価指標

4.2.1 放射パターンと利得（Gain）

　アンテナから放射される電磁界の空間分布は、アンテナの形状や寸法によって決定され、その電磁界の方向と強度を示したものを放射パターンと呼ぶ。アンテナの放射パターンのイメージを図4-5に示す。どの方向に強く電波を放射しているか、同時に希望しない方向には放射されていないかを確認するために重要な要素となる。最も強度の強い方向に伸びているビームをメインローブ、その他の方向に存在するピークをサイドローブと呼ぶ。また、メインローブのうち、最大電力強度に対してその半分の電力強度になるようなビーム幅を半値幅と呼び、ワイヤレス給電分野で電力はdB表記することが多いことから、−3 dBの電力強度となる角度のことを表す。

　アンテナから放射される電磁波の電力密度の大きさと方向は、以下に記すポインティングベクトル S を用いて計算される。いま、電場 E、磁場 H の電磁波とするとポインティングベクトル S は定義より電場と磁場の外積の実部であるから、式(4-1)で表される。

$$\boldsymbol{S} = \mathrm{Re}(\boldsymbol{E} \times \boldsymbol{H}^*) \quad \cdots\cdots\cdots\cdots\cdots\cdots\cdots\cdots\cdots\cdots\cdots\cdots\cdots\cdots \quad (4\text{-}1)$$

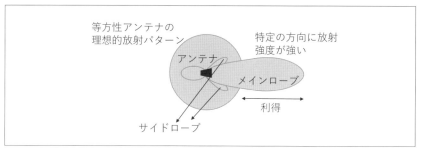

〔図4-5〕アンテナの放射パターンと利得の関係イメージ

ここで、H^* は磁場 H の複素共役を表す。このポインティングベクトル S は、単位時間あたり単位面積を通過するエネルギー（単位時間あたりのエネルギー密度）と、その方向を表している。単位時間あたりのエネルギーとはすなわち電力を表しており、ポインティングベクトルは、任意の場所での電力密度を表している。アンテナを囲む球面で積分することにより、アンテナが放射する電力の総量を求めることが出来る。

アンテナの利得とは、アンテナの放射能力を示す重要な性能指標の一つである。いま、全方位に均一に電磁波が放射される、すなわち放射パターンが完全な球形となるような理想的なアンテナを等方性アンテナ（Isotropic antenna）と呼ぶ。実際には、このように均一に電磁波が空間に放射されることはなく、方向に依存した強度を持ち、この方向への依存性を指向性と呼ぶ。特に特定の方角に強い放射特性を持っていることを鋭い指向性を持っていると表現する。また、アンテナの利得とは、基準となるにおける放射強度の比と定義されている。ここで注意すべきであるのは、たとえ等方性アンテナと比較してある特定の方位に強い放射強度を持っているアンテナであっても、他の方位では等方性アンテナと比較して必ず小さい放射強度になっているため、トータルの放射電力がゲインによって増加しているはずがない。あくまで指向性を持つだけである。放射パターンの絶対値は、利得の他に電界強度や電力を強度として表すことが多い。概説でアンテナが送受電双方向に同一の性質を示すことを簡単に記したが、同一のアンテナを送電系で用いた場合と受電系で用いた場合、以下の関係が成り立つ。

・送電アンテナ系の自己・相互インピーダンスは、受電アンテナ系の自己・相互インピーダンスに等しい。
・送電におけるアンテナの指向性と受電におけるアンテナの指向性は位相も含めて等しい。
・送電アンテナとして利用した時の空間への電磁波放射能力を示した利得と、受電アンテナとして利用した空間の電磁波捕集能力を表した利得は等しくなる。

以上により、アンテナの測定においては、同一のアンテナを送電系で用いても受電系で用いても同じ性能を示す。
　一般的に特に方向を指定せずにアンテナの利得というと最も強度の強い方向での放射強度の比のことを表す。ワイヤレス給電分野においては、ある一定方向に無駄なく電力を送電することを目指すため、利得を大きくするような設計を目指す。
　利得は基準となる電界強度をどのように定義するかによって、指向性利得 G_d、絶対利得 G_i、相対利得 G_w の3つに分けて定義出来る。

指向性利得G_d・絶対利得G_i・相対利得G_w

　指向性利得 G_d は、放射電力を仮に全立体角に対して均一に放射した場合の仮想的な放射強度に対して、ある方向 (θ, ϕ) にどれだけ集中して電波を放射しているかを表し、考えている方向 (θ, ϕ) に放射される電力密度と、平均の電力密度の比によって与えられる。絶対利得 G_i は、アンテナに入力される電力のうち、ある方向 (θ, ϕ) にどれだけ強く電力が放射されているかを表している。指向性利得が放射される電力を基準にしていたのに対して、絶対利得は入力される電力を基準にしているため、アンテナでの損失が考慮された利得である。これは、理想的に損失がなく全立体格に放射する等方性アンテナを基準アンテナにしていることと

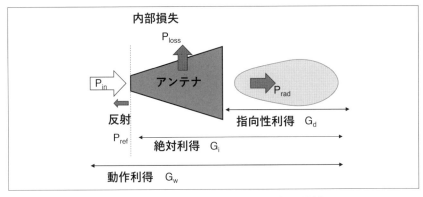

〔図 4-6〕各利得とアンテナの電力の関係

同義である。アンテナに入ってくる電力は、①反射してアンテナに入力されないもの（反射電力 P_{ref}）、②内部で熱損失として失われるもの（損失電力 P_{loss}）、③電波として空間に放射されるもの（放射電力 P_{rad}）の3つに分けることができる。アンテナの入力電力と放射電力に対する放射効率 η_{rad} を用いると絶対利得は式で表すことができる。また、絶対利得は基準となるアンテナが等方性アンテナであることを明示するため、基本的に単位を dBi とすることが多い。理想的な半波長代ポールアンテナを基準とする場合には、単位を dBd として明記し、相対利得と呼ばれる。

$$\eta_{rad} = \frac{P_{rad}}{P_{loss} + P_{rad}} \quad \cdots\cdots\cdots\cdots\cdots\cdots\cdots\cdots\cdots \quad (4\text{-}2)$$

$$G_i = \eta_{rad} G_d \quad \cdots\cdots\cdots\cdots\cdots\cdots\cdots\cdots\cdots\cdots\cdots \quad (4\text{-}3)$$

$$G|_{dBi} = 10\log G \quad \cdots\cdots\cdots\cdots\cdots\cdots\cdots\cdots\cdots\cdots \quad (4\text{-}4)$$

動作利得G_w

動作利得 G_w は、アンテナに入力される電力のうち、①の影響を考慮した利得であり、インピーダンス不整合による反射損失と放射損失を考慮した利得となる。反射損失 M を用いると、次式のように表される。

$$G_w = G_i \frac{1}{M} = \eta_{rad} G_d \frac{1}{M} \quad \cdots\cdots\cdots\cdots\cdots\cdots\cdots \quad (4\text{-}5)$$

反射損失 M は、インピーダンス整合の度合いを表すパラメータであり、理想的にアンテナに損失がなく、また入力側とのインピーダンス整合が取れている場合、動作利得は指向性利得と一致する。この動作利得の定義が、最も実際のアンテナ作動現象を表しているため、アンテナを評価する際には動作利得を評価することが多い。

4.2.2　実効面積（Effective area）

ある電力密度に置かれたアンテナが、どれだけの面積分の電力を取り込むことが出来るかを表す指標であり、有効開口面積とも言われる。実

際の物理的な開口面積とは異なるパラメータであるが、実際の物理面積より極端に大きくなることはない。有効開口面積 A_e はアンテナの動作利得 G_w と、動作周波数の λ を用いて表される。

$$A_e = \frac{\lambda^2}{4\pi} G_w \quad \cdots\cdots\cdots\cdots\cdots\cdots\cdots\cdots\cdots\cdots\cdots\cdots\cdots \quad (4\text{-}6)$$

この式からもみて取れるように、同じ動作利得で考えると、波長が短いほど、すなわち周波数が高くなるほど、波長の2乗で実効面積が小さくなることが分かる。

4.2.3 偏波

アンテナからの放射に関して、電波工学では電界がある時刻に存在する面をE面と呼び、E面の時間変化によって偏波を定義する。E面が時間的に変動せず空間的に水平の場合には直線偏波（図4-7）、E面が時間的に回転する場合は円偏波と呼ぶ（図4-8）。平面波の電界、磁界及び伝搬方向は互いに垂直であり、電界及び磁界は特定の平面上を伝搬していく。一般にアンテナが共振するのは電界面が一致するときであるから、

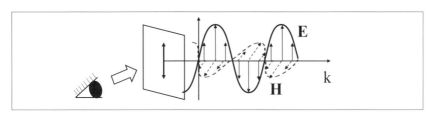

〔図4-7〕遠方界におけるTEM波（直線偏波）

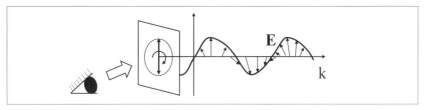

〔図4-8〕円偏波（右旋円偏波）

送受電で偏波を合わせることは非常に重要である。更に送受電アンテナで直線偏波の場合には、E面がずれてしまうとそれは偏波による損失となってしまう。一方で円偏波アンテナ同士であれば、E面は回転を続けるため、特にE面のズレは発生しないため、設置時の偏波による損失は考える必要がなくなる。そのため、実応用において円偏波アンテナを用いることは非常に有用である。

　一般に直交する二つの直線偏波が同相の場合は、これらの和も直線偏波となる。また、位相差がある場合には電界ベクトル及び磁界ベクトルのベクトル先端の軌跡は時間、空間に対して伝搬軸の周りを楕円状に回転する楕円偏波となる。特別な場合として、直行する二つの直線偏波の振幅が等しく、位相差が $\pm\pi/2$ のとき、伝搬軸の周りを円形に回転する円偏波となる。円偏波の回転方向に関しては、観測点を固定し、伝搬方向に進む電界を後ろから追いかけるように見たときに、時間に対して電界ベクトルの先端が描く軌跡の回る方向で定義される。直交座標で考えた際に、電界のy成分の位相がx成分に比べて $\pi/2$ 遅れている場合は、電界ベクトルの先端が描く軌跡は時間に対して時計回り（右方向）に回転するのでこれを右旋円偏波と呼ぶ。同様に、電界のy成分の位相がx成分に比べて $\pi/2$ 進んでいるとき、電界ベクトルの先端が描く軌跡は反時計方向（左方向）に回るので、これを左旋円偏波と呼ぶ。

　偏波を特徴づける重要なパラメータとして軸比 r があり、これは楕円偏波の電界ベクトルの振幅の最小値と最大値の比、すなわち電界ベクトルの軌道を描いた時の楕円の長軸と短軸の比で決定される。

$$r = \pm \frac{|E|_{max}}{|E|_{min}} = \pm \frac{長軸}{短軸} \quad\cdots\cdots\cdots\cdots\cdots\cdots\cdots \quad (4\text{-}7)$$

直線偏波の場合には軸比は $\pm\infty$、円偏波の場合には軸比は ±1 となる。

4.3 アンテナの遠方界放射

　ワイヤレス給電において、送電した電力をどれほど受電素子によって受電できるかを評価するビーム効率は非常に重要なパラメータとなる。送電アンテナから送電された電力のうち、受電アンテナで受電される電力割合を最も簡単に表せる式をフリスの伝達公式と呼び、次式で表される。ただし、この式 (4-8) は遠方界において伝送される電磁界が平面波である場合にのみ成立する式であるため、アンテナの遠方界に関しては4.1 節で記述した通り、アンテナの代表長 D によって決定されるので注意する必要がある [6]。

$$P_r = \frac{\lambda^2 G_r G_t}{(4\pi r)^2} P_t = \frac{A_r A_t}{(\lambda r)^2} P_t \qquad\qquad\text{(4-8)}$$

　ここで、P_r, P_t はそれぞれ送電電力、受電電力、G_t, G_r はそれぞれ送電アンテナと受電アンテナの動作利得、λ は波長、r は伝送距離を表す。また、A_t, A_r はそれぞれ送電アンテナと受電アンテナの実効面積を表す。送電電力と受電電力との比は自由空間伝送損失と呼ばれており、フリスの伝達公式内では無損失状態を仮定しているが、実際の伝送においては、大気吸収、電離層の反射、ビルや大地等の反射といった損失要因が存在する。ここで、以下の τ パラメータを定義する。

$$\tau = \frac{\sqrt{A_r A_t}}{\lambda r} \qquad\qquad\text{(4-9)}$$

τ によってフリスの伝達公式は次のように書き換えることができる。

$$P_r = \tau^2 P_t \qquad\qquad\text{(4-10)}$$

　ここで、伝送距離 r が送電アンテナや受電アンテナの実効面積 A_r や A_t に対して小さくなる、すなわちアンテナ近傍での送受電になると、$\tau > 1$ となってしまい、受電電力が送電電力を上回るということになり、近傍界ではフリスの公式をそのまま使用ができないことを意味する。そこで、近傍界でも評価できるビーム収集効率 η_{BE} として、アンテナ面上

の電界分布の形を考慮して、式(4-11)で表すことが出来る[7]。

$$\eta_{BE} = 1 - e^{-\left(\frac{A_t A_r}{\lambda^2 D^2}\right)} \quad\cdots\cdots\cdots\cdots\cdots\cdots\cdots\cdots\cdots\cdots \text{(4-11)}$$

この式は、送電側の放射されるビームの電力強度の分布をガウシアンビームとした時に、受電電力と送電電力の比を表すものとなっている。

アンテナ利得が未知のアンテナと既知のアンテナが存在するとき、利得既知のアンテナに入力される電力 P_t がわかるようにパワーメータ等で分配器から入力電力の一部を取得し、遠方界となる十分な伝送距離だけ離し、利得未知の被測定アンテナからの出力電力を測定することでフリスの公式を用いて利得を算出することができる。

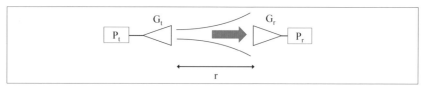

〔図4-9〕フリスの伝達公式のイメージ

4.4 開口面アンテナ

　ホーンアンテナや反射鏡アンテナ、パラボラアンテナなどのアンテナは、開口面から電磁波を空間に放射しているため、開口面アンテナと呼ばれる。開口面アンテナの特徴としては、物理的な形状は平面アンテナより大きく、質量も金属で構成されるため重くなるものの、損失が少なく、高周波においても高利得（20 dBi を超えるものが多い）を実現することが可能である。1章で紹介したように、歴史的なワイヤレス給電においてパラボラアンテナは多くの研究で使用されてきた。特に地上に据え置き可能であったりと、設置において重量の制約がなく、小型化も考慮する必要がない場合には非常に有用なアンテナである。開口面アンテナを設計する場合にはレイトレースによる曲面関数の設計を行い、それを加工する（ほとんどの場合外注もしくは既存の製品の購入をする）こととなる。そのため、高周波数対応にしようとするほど曲面の加工精度が求められ、コストとしては高額となる。

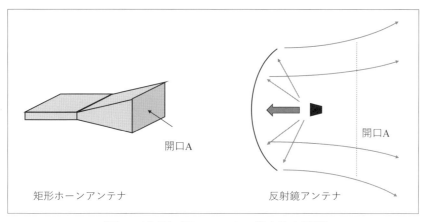

〔図4-10〕開口面アンテナの代表的な種類

4.5 マイクロストリップアンテナ (MSA)

　マイクロストリップアンテナは、別名パッチアンテナとも呼ばれ、高周波伝送路であるMSLと同様に誘電体の表裏に放射面とグランド面となる導体箔を接着したものである。小型軽量で高い指向性利得を持ち、移動体への積載を考えた場合に有利であるため、ワイヤレス電力伝送ではよく用いられている平面アンテナの一種である。また、MSLと同様、基板上にパッチパターンを加工すれば良いため、加工が容易であるという利点もある。パッチ形状は様々研究されており、一般的には設計や解析が容易であるという観点から、方形パッチアンテナや円形パッチアンテナが用いられることが一般的である。

　図4-11にパッチアンテナの概略図を示す。パッチアンテナは幅w、長さLで両端開放のMSLと等価であり、$L=\lambda/2$となる周波数を共振周波数にもつ共振器として動作する。よって、パッチアンテナの共振周波数はパッチの長さLに大きく依存する。幅wに関しては、wが大きくなると指向性利得が大きくなり、共振周波数の幅である帯域幅も広くなる。一方で、パッチアンテナは小型であることが望ましいため、一般には$L≤w≤2L$の範囲で設計される。パッチアンテナの表面パターンのことをパッチ素子と呼び、パッチ素子の両端は開放であるため、端部で振

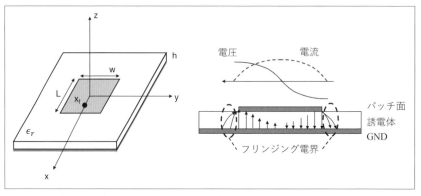

〔図4-11〕マイクロストリップアンテナの概要図と断面図

幅が 0、中央で振幅が最大の電流定在波が生じる。電圧定在波と電流定在波は腹が $\lambda/4$ だけずれるため、電圧定在波は端部で振幅最大の腹、中央で振幅 0 の節となり、両端では正負が異なる。誘電体内部の電界は電圧に比例する。

　このときマイクロストリップラインにも示されるように、パッチ素子の端から外側に広がるフリンジング電界が生じる。パッチ素子の下部に分布する電界は中心線を対象に逆向きであるため相殺され、放射には影響しない。電磁波の放射はパッチ素子の外側に存在するフリンジング電界によって生じる。このフリンジング電界の影響を考慮すると、パッチ素子は電気的に、式 (4-12) で表される長さ L_e を持つ。

$$L_e = L + 2\Delta L \quad \cdots\cdots\cdots\cdots\cdots\cdots\cdots\cdots\cdots\cdots\cdots\cdots\cdots (4\text{-}12)$$

　アンテナの実効比誘電率を用いて、基板上での波長で大体の L の長さを決定する。

　続いてアンテナの給電方式を決定する。その際、アンテナ面の伝送線路の影響、想定する加工方法の加工精度を考慮して、以下に示す代表的な給電方式から選択することになる。

背面給電方式

　GND 側からの給電のため、アンテナ面に伝送線路が無く、同軸線路やコネクタを直接アンテナに給電する最もオーソドックスな給電方法。放射素子と同軸線路やコネクタとの整合は、給電点の位置によって決定することが出来る。基板のホール加工や、給電線の外導体と GND 面、内導体と放射素子とのはんだ接合が必要となるため、アンテナ単体に対して用いられることが多い。

共平面給電

　放射素子と給電線とのインピーダンス整合は $\lambda/4$ 線路の挿入であったり、放射素子に図 4-12 のような切れ込みを入れるなどして行う。ただし線路が放射素子と同一平面上にあるため、低誘電率の厚い基板を用い

た場合には、アンテナの放射特性が乱れるなどの影響が起こりうる。

スロット結合給電

GND面を挟み誘電体基板を密着させ、片方に放射素子、片方にMSLをパターンしてある。GND面にスロットを開け、その寸法調節を行うことで整合を取り、結合を行っている。アンテナの放射特性に影響が小さいことが利点である一方で、両面加工が必要かつ2枚の基板を接合する必要があり加工面での困難さがある方式である。

近接結合給電

マイクロストリプラインを放射素子とGND面で挟み込む形にすることで電磁結合を生じさせ、給電を行う。重層化する必要があり、加工が特殊となる。

給電点 x_f の位置によって入力インピーダンスが決まる。長さLの方形マイクロストリップアンテナを、長さLの有限MSLとみなしたモデルによって簡易的に計算することが可能である。

また、共振時の入力抵抗を給電する素子の特性インピーダンスに一致させることで、インピーダンス整合を取ることが出来る。高周波回路では、多くの発振源が通常50 Ωで発振されているため、通常は $R_{in}=50$ Ωとして給電点 x_f を求める。

アンテナは電波を放射するため、回路上では電力を消費する負荷と等価である。一般的にパッチアンテナの負荷インピーダンスと給電線のMSLの特性インピーダンスは異なるため、反射を抑制するために整合回路を挿入する必要がある。そこで2章で示したような $\lambda/4$ の線路長さを持ち、アンテナの負荷インピーダンス Z_L と接続回路の負荷インピーダンス Z_0 とで決定される特性インピーダンス $Z_1=\sqrt{Z_0 Z_L}$ を持つような整合線路を挿入することでアンテナと接続回路とのインピーダンス整合が可能となる。他にも、アンテナ素子に切れ込みを入れることで負荷インピーダンスを整合する方法もあるため、加工手段の加工精度を踏まえてどのような整合を行うか決定する。

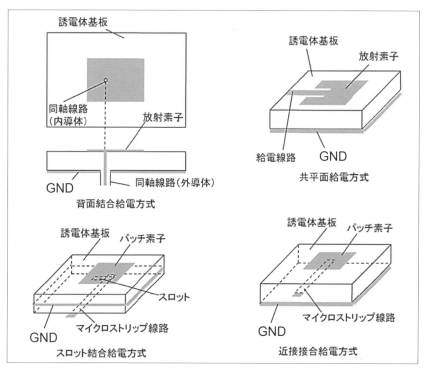

〔図 4-12〕平面アンテナの給電方式（[8] 一部改変）

4.5.1 28 GHz パッチアンテナの設計手順例

　ここで著者らが実際に作成した 28 GHz を共振周波数にもつ直線偏波パッチアンテナの設計経験を基にした設計手順を具体的に示す。

想定する応用先
　飛翔体への給電を想定していたため、軽量かつ小型である必要があった。そこで平面アンテナを選定した。また、大電力空間ワイヤレス伝送を実現するため、発振源としてジャイロトロンを検討しており、周波数はジャイロトロンの発振周波数に合わせる必要があった。そのため自分たちで「設計→シミュレーション→試作→評価」の工程を比較的スピー

❀ 4章　マイクロ波ワイヤレス給電の受電側回路設計 〜アンテナ〜

ディーに実現出来る必要があったことも選定理由の一つである。

基板の選定

　高周波基板において、2章で簡単に記述したように低い誘電正接
（tanδ）と、低い誘電率が重要となる。平面基板回路の損失には、前述
した通り導体損失と誘電体損失、インピーダンス不整合による損失の3
つがある。これらの損失によって放射効率や整流効率が決まってくる。
このうちの誘電体損失は、比誘電率の小さな基板を用いたり、誘電体厚
さを薄くすることで損失を小さくできる。一方の導体損失は、導電率の
高い導体（銅やアルミ等）を用いると共に、電気抵抗による導体損を減
らすために、導体泊厚さを表皮深さよりも厚くする必要がある。また、
周波数が高くなるにつれて導体損失の影響は誘電体損失よりも大きくな
るため、表皮深さの影響を十分考慮する必要がある。アンテナにMSA
を採用する場合には、誘電体基板の厚さと比誘電率が特性を左右する。
誘電体基板を厚く、比誘電率を小さくするとフリンジング電界の範囲が
広くなり、結果として指向性利得を向上させることが可能である。一方
で、先述した通り基板が厚くなると誘電体損失が大きくなり、更に表面
波モードへの漏洩電力も大きくなるので放射効率も低下する。そのため、
比誘電率は可能な限り小さいものが望ましく、基板厚さに関しては求め
る性能に合わせてちょうど良い厚さを選定する必要がある。使用した基
板特性を表4-2に示す。

電磁界シミュレータ

　続いて手計算で設計した線路長及びアンテナ寸法を用いて [9][10]、

〔表 4-2〕著者らが使用した Diclad880 の物性値

誘電体	比誘電率	2.17
	誘電正接 tanδ	0.0008
	基板厚み	0.5 mm
銅箔	導電率	5.9×10^7 S/m
	銅箔厚み	0.018 mm

商用ソフトであるKeysightのEMProによって電磁界シミュレータを行った。まずアンテナの長さを調節することで共振周波数を合わせに行き（図4-13）、決定したアンテナの負荷インピーダンスと給電側の特性インピーダンスとの整合のために、線路幅と線路長の調整を行った。電源側の特性インピーダンスは50 Ωであるが、選定した基板では線路幅がパッチ素子長さと同等になるため、100 Ωの入力インピーダンスに設計した。設計した単体パッチアンテナの概要図を図4-14に示す。

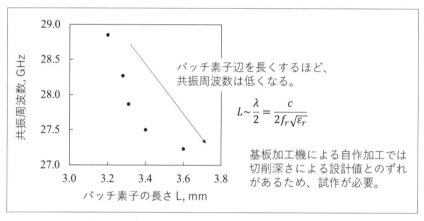

〔図4-13〕パッチ素子長さと共振周波数の関係

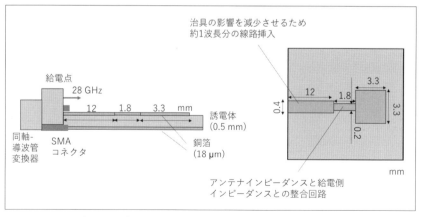

〔図4-14〕設計した単体パッチアンテナの模式図

解析

FDTD解析によって放射パターン及び利得の解析を行った。シミュレーションの結果は共振周波数で−32.3 dB、利得 7.4 dBi となった。制作にはトライアンドエラーの容易な基板加工機を用いた。

アンテナ評価

アンテナ評価の際にはアンテナの測定の前に 100 Ω の波長分の伝送線路に対する反射係数、透過係数の測定を行い、その結果を加味して評価を行った。反射係数の測定にはスカラネットワークアナライザからの信号を用いた。測定系及びその結果を図 4-15 に示す。

利得の測定

利得の測定には公証 23 dBi のホーンアンテナを用いて、遠方界になる距離以上、ホーンアンテナと被測定アンテナを離して、周囲からの電磁波の乱反射による測定誤差の影響がないように吸収剤及び電波暗室内で測定した（図 4-16）。

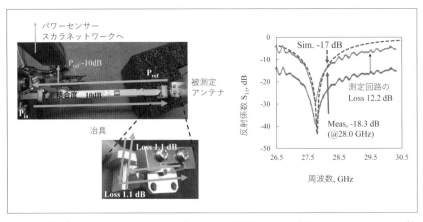

〔図 4-15〕スカラネットワークで測定した反射係数 S_{11} の値とシミュレーション値

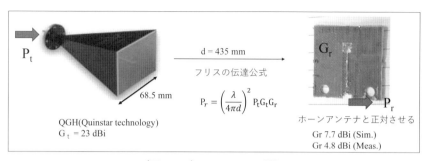

〔図 4-16〕アンテナの利得

❋ 4章　マイクロ波ワイヤレス給電の受電側回路設計 ～アンテナ～

4.6　アレイアンテナの設計

　4.2 節で記述したように、アンテナの受電及び送電電力効率はアンテ
ナ利得に大きく依存する。高効率でのワイヤレス給電を実現するために
は、アンテナの高利得化が極めて重要となる。そのために、給電回路と
複数のアンテナ素子とを規則的に配置し、その全てあるいは一部に給電
するものすることでアンテナのアレイ化を行うことが一般的となる。高
利得化以外にも、アンテナのアレイ化には次のようなメリットが存在す
る。

- ・各素子への励振位相を変化させることで、アンテナからの電波放射
  方向が制御可能。このようにアンテナ素子を複数用いることで、電
  気的な放射方向制御が可能となったアレイアンテナをフェーズドア
  レイと呼ぶ。機械的なアンテナからの放射形状の制御に比べ、制御
  速度と制御精度に優れているため、近年のワイヤレス給電において
  はほとんどフェイズドアレイアンテナを用いている。その詳細に関
  しては 6 章で記載する。
- ・特に、偏波が直交するような 2 つのアンテナに 90°の位相差をつけ
  ることで円偏波アンテナ動作が可能となる。
- ・複数の主ビームをもつ、マルチビームアンテナが設計可能。
- ・単体のアンテナと比べて、ビーム幅が狭くなるため、アンテナが高
  利得になる。

　以上のように利点が多く、ほとんどのワイヤレス給電研究でアレイア
ンテナが採用されている。アレイアンテナには所望の条件を得るための
給電方式が多数存在する。ここではパッチアレイアンテナの先行研究と
して多く用いられている並列給電方式と直並列給電方式について説明す
る。それぞれの方式での特徴と主なアンテナパターンを図 4-17 に示す。
また、多素子アレイアンテナの先行研究のスペックの比較を表 4-3 に示す。

– 110 –

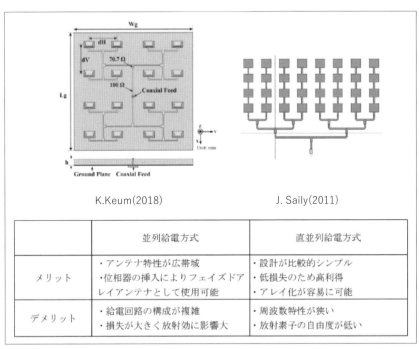

〔図 4-17〕アレイアンテナの放射素子同士の給電方法 [11][12]

〔表 4-3〕多素子アレイアンテナの先行研究の比較 [11]-[18]

	A.K.Sahu (2011)	K.Keum (2018)	M.K.A. Rahim (2006)	D.N.Arizaca Cusicuna (2018)	Y.I.Chong (2012)	H.Iizuka (2003)	J.Saily (2011)	A.Ride (2011)
給電方式	並列	並列	並列	並列	直並列	直並列	直並列	直並列
周波数 [GHz]	2.73	28	6	28	76	76.5	60	80
アンテナ利得 [dBi]	17.57	17.01	18.22	19.15	31.15	32.2	23	31.5
パッチ素子数	4×4	4×4	4×4	4×4	20×16	30×37	4×8	16×32

　並列給電方式の特徴としては、放射素子の間隔や位置の設定自由度が高く、一般的にアンテナ特性が広帯域なことが挙げられる。しかし、給電回路の構成が複雑になることや線路損失により放射効率が低下するデメリットもある。それと比較して、直並列給電方式は電力分配器やイン

ピーダンス変換器が少ないことにより設計がシンプルで、放射素子を増やす際も容易にアレイ化が可能となる。

4．6．1　4.5.1節の単体アンテナの4素子アレイ化

　4.5.1節で設計したアンテナのアレイ化手順を記述する。これは想定する空間ワイヤレス給電実験において捕集効率を向上させたいという意図があった。実施したい伝送実験や性能評価、アプリケーションに対してどの程度の利得が必要かを考える。著者らの場合、固定点間のワイヤレス給電デモンストレーションを想定していたため、実験時の送電距離に対して、受電エリアに素子が幾つ詰められるか、もしくは幾つ必要かということを考慮して必要アンテナアレイ設計を決定した。アンテナ単体が実測値4.8 dBiであったため、その約4倍である9 dBiに近くなるよう4素子のアレイアンテナとした。

　給電方式は、整流回路が裏面に配置され、表面の電磁波の影響を受けないために背面給電として設計を行った。設計した4素子アレイアンテナの概念図と写真を図4-18に示す。

　また、先ほどの単体パッチアンテナと同様に、反射係数と放射パターンに関して、EMProによるシミュレーション結果の値と、実測の値を併せて図4-19に載せた。

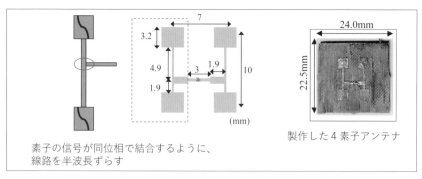

〔図4-18〕4素子アレイアンテナの模式図及び写真

－ 112 －

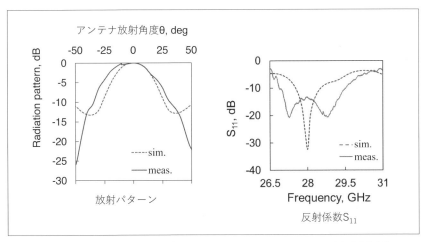

〔図4-19〕反射係数と放射パターンのシミュレーション及び実測値

　以上の設計手順を踏むと、特に高周波で作動する最もオーソドックスな直線偏波のパッチアンテナのアレイ化が行える。

参考文献

[1] BC453S, DX ANTENNA,
https://dxantenna-product.dga.jp/detail.html?id=7&category=25&page=1
(R5.4.26 アクセス)

[2] MA5612 series、Anritsu,
https://www.anritsu.com/ja-jp/test-measurement/products/ma5612-series (R5.4.26 アクセス)

[3] AMT, https://www.ad-mtech.com/product/antenna/antenna-chil/products-1669/ (R5.4.26 アクセス)

[4] PEWAN1012, Paternack,
https://www.pasternack.jp/images/ProductPDF/PEWAN1012.pdf
(R5.4.26 アクセス)

[5] S. Mizojiri and K. Shimamura, "Recent progress of Wireless Power Transfer via Sub-THz wave," APMC2019.

[6] H. T. Friis, "A note on a simple transmission formula," Proc. IRE and Waves and Electronics, pp. 254-256, May, 1946.

[7] ITU SG1 Delayed contribustion Document 1A/18-E, "Update of information in response to question Itu-R 210/1 on wireless power transmission," Oct. 2000.

[8] 電子情報通信学会『知識の森』

[9] 山本学,「プリントアンテナの基礎と設計」,第44回アンテナ伝播における設計・解析手法ワークショップ,電子情報通信学会,Oct. 2012.

[10] C. A. Balanis, "Antenna Theory : Analysis and Design : 2nd Edition, " Wiley, 1997.

[11] K. Keum and J. Choi, "A 28GHz 4 × 4 U-Slot Patch Array Antenna for mm-wave Communication", 2018 International Symposium on Antennas and Propagation (ISAP), pp.729-730, 2018.

[12] J. Saily, A. Lamminen, and J. Francey, "Low cost high gain antenna arrays for 60GHz millimetre wave identification (MMID)", Millimetre Wave Days 2011, Espoo, 2011.

[13] A. K. Sahu and M. R. Das, "4×4 rectangular patch array antenna for bore sight application of conical scan S-band tracking radar", 2011 India Antenna Week, Kolkata, 2011.

[14] M. K. A. Rahim, A. Asrokin, M. H. Jamaluddin, M. R. Ahmad, T. Masri, and M. Z. A. Abdul Aziz, "Microstrip Patch Antenna Array at 5.8GHz for Point to Point Communication", 2006 International RF and Microwave Conference, PutraJaya, 2006.

[15] D. N. Arizaca-Cusicuna, J. L. Arizaca-Cusicuna, and M. Clemente-Arenas, "High Gain 4 × 4 Rectangular Patch Antenna Array at 28GHz for Future 5G Applications", 2018 IEEE XXV International Conference on Electronics, Electrical Engineering and Computing, Lima, 2018.

[16] Y. I. Chong and D. Wenbin, "Microstrip series fed antenna array for

millimeter wave automotive radar applications", 2012 IEEE MTT-S International Microwave Workshop Series on Millimeter Wave Wireless Technology and Applications, Nanjing, 2012.

[17] H. Iizuka, T. Watanabe, K. Sato, and K. Nishikawa. "Millimeter-Wave Microstrip Array Antenna for Automotive Radars", IEICE Transactions on Communications, Vol.E86-B No.9, 2000.

[18] A. Rida, M. Tentzeris, and S. Nikolaou, "Design of low cost microstrip antenna arrays for mm-Wave applications", 2011 IEEE International Symposium on Antennas and Propagation, Spokane, 2011.

5章

マイクロ波ワイヤレス給電の
受電側設計
〜整流回路〜

5.1 理論 RF-DC 変換効率

　本章では、4 章の冒頭で説明したように、整流回路の設計に関しての解説を行う。

　整流回路は、非線形素子であるダイオードを主に使用して構成される回路であり、レクテナを用いるマイクロ波方式のワイヤレス給電において肝となる部分である。整流回路は、受電アンテナから供給される RF に対して、損失なく直流に変換することが求められるだけでなく、整流回路で発生し得る高調波成分をアンテナ側に再放射しないような性質も持つ。整流回路の理論 RF-DC 変換効率は、整流回路に入力される RF 電力 P_{in} と、整流回路に接続した負荷から取り出される直流出力電力 P_{out} によって式 (5-1) で表すことが出来る。

$$\eta_{RF-DC} = \frac{P_{out}}{P_{in}} \quad \cdots\cdots\cdots\cdots\cdots\cdots\cdots\cdots\cdots\cdots\cdots\cdots\cdots\cdots\cdots \quad (5\text{-}1)$$

　ダイオードの個数を増加するほど出力電力を上げることが可能となる一方で、高周波においてはダイオードでの損失が大きくなる。そのため RF-DC 変換効率の低下を防ぐためにダイオードの使用個数は可能な限り少ないことが望まれる。ワイヤレス給電では、一般的にシングルもしくは多くてダブルのダイオードを利用し、回路構成の工夫によって効率を上昇させる方針が一般的である。図 5-1 に示すような様々な形態が存在する整流回路の中で、半波整流回路は理論上 50 ％の RF-DC 変換効率であるが、後述するシングルシリーズ型整流回路は 81 ％ [1]、ダイオードを並列に挿入したシングルシャント型整流回路は理論上 100 ％の整流が可能であると言われるため [2]、多くのワイヤレス給電実験で使用された整流回路はシングルシャント型を用いている。3 章で説明のあった F 級負荷型は全波整流回路として動作するため、整流回路の設計においてもよく用いられ、理論上 100 ％ [3][4] まで RF-DC 変換効率を上昇させることができる。

　整流の中核を担うダイードは、ワイヤレス給電ではショットキーバリ

－ 119 －

アダイオードを用いることが多く、その種類として、3.5節で増幅回路の設計に関する説明であった半導体と同じようにSi、GaAs、GaNダイオードを用いられることが一般的であり、近年は市販のダイオードだけでなく回路設計の一環としてダイオードの設計を行うことが多い。本章においては詳細は割愛する。一般的な半導体ダイオード自体の特性は図5-2に示す入力電力とRF-DC変換効率の相関関係により評価される。V_j、V_{br}はそれぞれダイオードの順方向接続電位（ON電位）と逆方向破壊耐圧（break out電圧）を表している。入力が小さい部分では全体のRF-DC変換効率も小さくなる。これは、電力が小さい時にはダイオードにかかる順方向電位がダイオードの接続電位よりも小さくなる時間が増えることに起因している。入力電力が大きくなることで、接続電位よりも下回る時間の割合が減り、RF-DC変換効率が上昇する。また、回路への入力電力が過剰となる部分でもRF-DC変換効率が下がるが、これはダイオードにかかる電圧がダイオードの逆方向破壊耐圧を超えてしまうことに起因している。その後入力電力を増加させても効率は減少する一方である。ワイヤレス給電で使用されるダイオードは、この電圧を超えてしまうとその後ダイオード特性を示さなくなるものも存在するため実験における

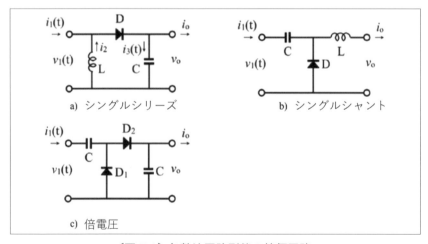

〔図5-1〕各整流回路形態の等価回路

整流回路への入力電力には注意が必要な要素である。動作周波数が上昇すると、半導体が高周波の位相変化に追従できずスイッチング損失が生じるため、図 5-1 の効率が全体的に低い位置でカーブを描くようになる。そのため、ミリ波回路ではダイオードの数を減らした整流回路が一般的になる。また、この損失に加えて、非線形素子を使用する際には高調波の影響も問題となる。高調波とは整流したいと考える RF 入力の定数倍の周波数を持った波であり、非線形素子を通過する際に生じる。ダイオード部分から発生した高調波はアンテナ素子へとつながり、再放射することで損失へとつながる。

　整流回路は接続される負荷抵抗及び入力電力によって入力インピーダンスが変化する。一般的に、測定系の全体的な特性インピーダンスは 50 Ω で統一されているため、整流回路の入力インピーダンスが 50 Ω から離れると反射波が生じ、回路への入力電力が低下するため RF-DC 変換効率も併せて低下してしまう。そこで最大 RF-DC 変換効率を得られる負荷抵抗を適正負荷と呼び、シミュレーション及び実測において負荷抵抗を変化させた場合の RF-DC 変換効率を測定し、適正負荷を求める必要がある。

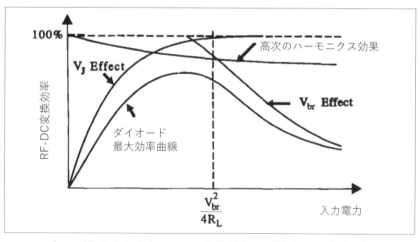

〔図 5-2〕入力電力と RF-DC 変換効率の関係（[5] 一部改変）

5.2 シングルシリーズ・シングルシャント整流回路

　シングルダイオードの整流回路は、ダイオードを伝送線路に対して直列 or 並列に挿入するかで、シングルシリーズ型 or シングルシャント型と分類される。入力側のインダクタ L はダイオード及び負荷を通して DC のループを作り、一方で RF は通さないように設けられている。$\omega L \gg R$ の関係を満たすことで入力ポートに高周波の影響を与えないようにできる。キャパシタ C は RF のみシグナル - グラウンド間を通すよう設けられている。こちらも $1/\omega C \ll R$ の関係を満たすことで出力電圧 v_0 が少なくとも周期 T の間一定とみなすことができる。負荷 R が時間変化しないため、出力電流 i_0 も同様に一定とみなせるような回路である。

　また、一般的なシングルシャント整流回路はダイオード一つを並列接続し、出力フィルタにキャパシタ C と $\lambda/4$ 線路を用いることで理想的に 100 ％ の RF-DC 変換効率が得られる回路である。整流回路において、ダイオードでの電力消費は主たる損失要因の一つであり、RF-DC 変換効率の低下につながるため、ダイオードの消費電力は小さい方が望ましい。ダイオードの消費電力は、式 (5-2) で表される。

$$P_D = \int i_D(t) v_D(t) dt \quad \cdots\cdots\cdots\cdots\cdots\cdots\cdots\cdots\cdots\cdots\cdots \quad (5\text{-}2)$$

　式 (5-2) からも分かるように、ダイオードの電圧、電流波形に時間的な重なりがなければ消費電力は 0 になる。図 5-3 は理想的なダイオードの電流、電圧波形である。このような電圧波形をフーリエ変換すると基本波と奇高調波の合成関数となるため、負荷のインピーダンスが奇高調波に対して ∞、偶高調波に対して 0 となる回路を製作することで実現できる。図 5-4 の回路について、キャパシタ C と負荷抵抗 R_L からなるインピーダンス Z_L と、$\lambda/4$ 線路の左から見たインピーダンス Z_{in} は次のように示される。

– 122 –

$$Z_L = \frac{R_L}{1 + j\omega C R_L} \quad \dots\dots\dots\dots\dots\dots\dots\dots\dots\dots\dots\dots \quad (5\text{-}3)$$

$$Z_{in} = Z_0 \frac{Z_L + jZ_0 \tan\beta \frac{\lambda_g}{4}}{Z_0 + jZ_L \tan\beta \frac{\lambda_g}{4}} \quad \dots\dots\dots\dots\dots\dots\dots\dots\dots \quad (5\text{-}4)$$

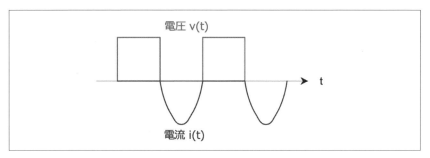

〔図 5-3〕理想的な電圧電流波形

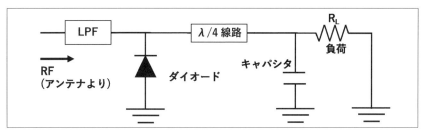

〔図 5-4〕一般的なシングルシャント整流回路図

5.3　28 GHz 動作の F 級負荷整流回路の設計製作

前節シングルシリーズ整流回路やシングルシャント整流回路は、出力フィルタに大容量の理想キャパシタを用いる。しかし高周波においてはコンデンサの大きさや接続時の寄生抵抗、寄生インダクタなどの問題により、理想的なキャパシタを用いることは困難である。

そこで MSL で構成される F 級負荷を用いる。F 級負荷を用いた整流回路の回路図を図 5-5 に示す。図中で λ_g は線路上の波長を示す。F 級負荷は基本波と高調波に対する $\lambda/4$ オープンスタブを並列に接続した回路である。信号線から見た $\lambda/4$ オープンスタブのインピーダンスは 0 となるため、図 5-4 におけるキャパシタと同様の効果がある。理論的にはすべての周波数に対する $\lambda/4$ スタブを接続する必要があるが、先行研究より 3 次高調波までの処理で十分であるという報告がされているため、多くの研究では 3 次高調波までに対応したスタブ長で設計されている [6]。また基本波の $\lambda/4$ は 3 次高調波に対しては $3\lambda/4$ であり、同様に $Z_S = 0$ であるため、実際の回路では基本波に対する $\lambda/4$ と $\lambda/8$（2 倍高調波に対する $\lambda/4$）の 2 つのオープンスタブのみを用いる。また負荷を接続するために、回路の出力端に $\lambda/2$ 線路を接続する。

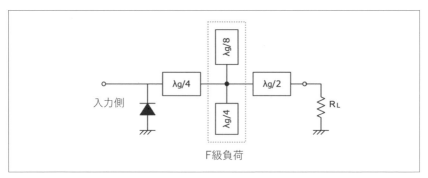

〔図 5-5〕F 級負荷を用いたシングルシャント整流回路の最もシンプルな例

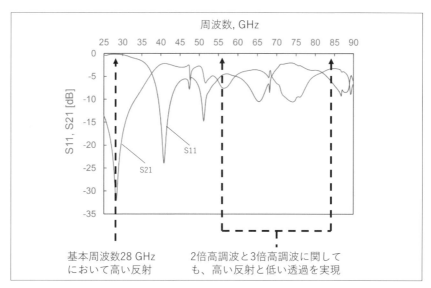

〔図5-6〕F級負荷回路の反射係数と透過係数のシミュレーション結果

　図5-6に28 GHzを動作周波数とする自作の整流回路で採用したF級負荷回路に関して、高調波成分に対する電磁界解析を行った結果を示す。基本波とその2倍及び3倍高調波に対して、高い反射係数と低い透過係数を持ち、ダイオードへの3次までの高調波の反射の役割を担い、更に負荷側への交流の透過を防いでいることが分かる。
　回路の製作は、企業に発注をかける、自作するという2つの選択がある。自作の場合にも加工方法は多く手段があり、周波数や選定した基板によって適切な加工方法を選定する必要がある。ここでは、設計から評価まで手軽に行うことが出来る基板加工を用いた自作回路の製作のコツに関してコラムを書いた。気楽に読んでみてほしい。

コラム
1．基板加工機を用いたドリル加工によるパターン形成を行う。これはアンテナの作成工程と同じである。筆者が利用したのはミッツ基板加工機で、ミリングカッター、導通用ドリル、ハッチングカッター

を用いた。基板を加工すると以下のように削りかすが基板上に残っているため、まずはそれらをカッターにて優しく綺麗に取り除くところから始まる。

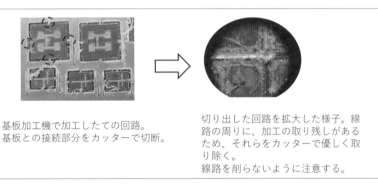

〔図 5-7〕回路作成手順 1。右写真の中の線路周りの加工残りを取り除く

2. 回路の作成に移る。必要な道具及びあると便利な道具の他に拡大鏡、テスターも用いる。ダイオードのはんだ付けの前に、整流回路からの DC 用信号線の取り付け、GND との導通用銅線の接着、給電方法によって GND 面の加工が必要な場合は先に行っておく。今回は背面給電で GND 面同士を接着する必要があるため、導通穴の周りの銅箔はあらかじめ削っておく（カッターでも可）。

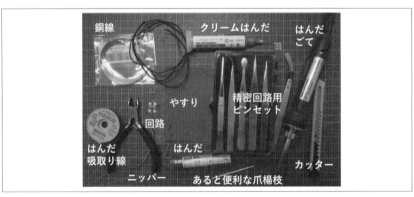

〔図 5-8〕あると便利な道具の写真

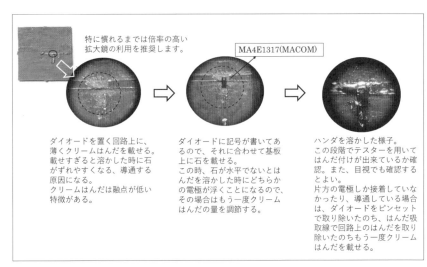

〔図 5-9〕ダイオードのはんだ付け

3. このようにダイオードがついたら、アンテナと整流回路を給電線（今回は直径 0.2 mm の穴をホール加工したので、直径 0.2 mm の銅線の被覆をやすりで削り、導通チェックの後に使用）で繋げる。GND面側は接着が線路と導通しないこと、回路面側はハンダを乗せすぎないように接着して完成。

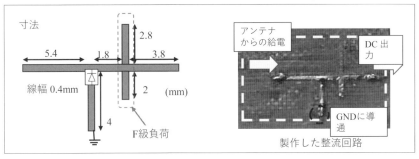

〔図 5-10〕整流回路の完成写真と線路長さの設計図

- 127 -

5.4 整流回路の性能評価

前節で完成した整流回路に対して、性能評価を行った。

整流回路の測定を行うにあたり、治具の影響を小さくするために整流回路の入力側に2λ線路を接続した。製作した回路について、発振源、可変減衰器、方向性結合器、オシロスコープを用いて入力電力と出力電力との関係及びRF-DC変換効率を測定する。発振器は定電力発振器を用い、可変減衰器を用いることで回路へ入力される電力の調整を行う。方向性結合器を用いて電力の一部をパワーメータに入力することで入力電力を測定する。発振器から方向性結合器までは導波管で電力を伝送するが、整流回路はMSLで構成されているため、モード変換器を用いて導波管の伝播モードを同軸ケーブルの伝播モードに変換し、同軸コネクタとアルミ製ジグ用いて回路に接続する。方向性結合器の結合度C dB、モード変換器の損失がL_{con} dBである場合、パワーメータの表示電力P_{dis} dBmの時の整流回路への入力電力P_{in} dBmは以下のように表せる。

$$P_{in} = P_{dis} + C - L_{con} \quad \cdots\cdots\cdots\cdots\cdots\cdots\cdots\cdots\cdots\cdots \quad (5\text{-}5)$$

整流回路の出力端には負荷抵抗Rを接続し、抵抗の両端電圧Vをオシロスコープで測定する。出力電力Pは直流なので以下の通り算出し、RF-DC変換効率$\eta_{RF\text{-}DC}$は5.1節で示す通りである。図5-11で示す測定系において整流回路の特性を計測し、その結果最高RF-DC変換効率47.7 %の整流回路特性を得た。

$$P_{out} = \frac{V_{out}^2}{R_L} \quad \cdots\cdots\cdots\cdots\cdots\cdots\cdots\cdots\cdots\cdots\cdots \quad (5\text{-}6)$$

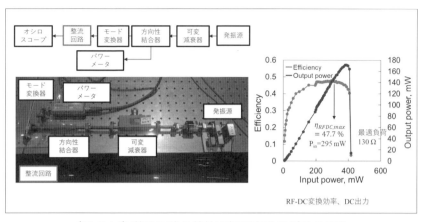

〔図5-11〕整流回路の特性評価測定系及びその結果

5.5 アンテナとの統合

これまで、4章と5章で設計製作を行ってきたアンテナと整流回路を一体化したものをレクテナ（rectifier + antenna）と呼ぶ。ワイヤレス給電においては、基本的に受電素子はレクテナとして統合的に設計・製作を行い、使用されることが一般的である。

アンテナから整流回路への給電には第4章で示した給電方式がある。整流回路の最適動作電力を超えてアレイアンテナの素子数をアレイ化することは出来ない。整流回路に対して適切なアンテナ素子数を設計する必要がある。4章と5章で簡便に作成したアンテナ4素子アレイと、整流回路とをここで簡単な背面給電にて接続した例を示す（図5-12）。また、整流回路のダイオードが破損した際のオシロスコープの電圧波形の典型的な例を図5-13に示す。

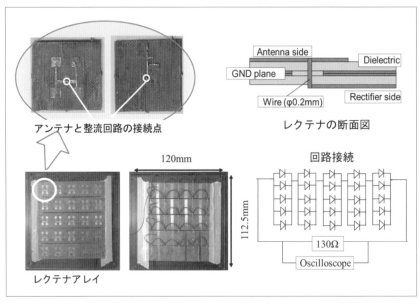

〔図5-12〕アレイ化したレクテナの写真と断面図、回路接続

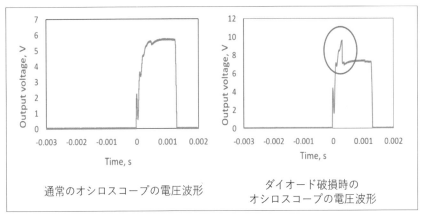

〔図 5-13〕整流回路のオシロスコープの電圧出力波形の違い

　4章から5章にかけ、アンテナから整流回路、またそのレクテナ化に関する設計に関して、28 GHz 動作の単純なパッチアンテナとF級シングルシャント整流回路を事例として示してきた。本書で示した簡単な事例を基に、アンテナの利得向上や広帯域化、整流回路の RF-DC 変換効率の向上に取り組んでいただきたい。

参考文献

[1] T. Ohira, "Power efficiency and optimum load formulas on RF rectifiers featuring flow-angle equations," Ohira, Takashi. "Power efficiency and optimum load formulas on RF rectifiers featuring flow-angle equations." IEICE Electronic Express 10 (2013): 20130230.

[2] W. C. Brown, "The history of the development of the rectenna," Proc. Of SPS microwave systems workshop, pp.271-280, 1980.

[3] R. J. Gutmann and J. M. Borrego, "Power Combining in an Array Microwave Power Rectifier", IEEE Trans. MTT, Vol. 27, No. 12 pp. 958-968, 1979.

[4] K. Hatano, N. Shinohara, T. Mitani, K. Nishikawa, T. Seki, and K. Hiraga, "Development of Class-F Load Rectennas", Microwave Workshop Series on Innovative Wireless Power Transmission: Technologies, Systems, and Applications (IMWS), 2011 IEEE MTT-S International, pp. 251-254, May 2011.

[5] T. W. Yoo and K. Chang, "Theoretical and Experimental Development of 10 and 35GHz Rectennas," IEEE Trans. Microw. Theory Tech., Vol. 40, No. 6, pp. 1259–1266,1992.

[6] K. Hatano, "Development of 24GHz-Band MMIC Rectenna," Vol.50, pp.4-7, 2013.

6章

飛翔体への給電実験

6.1 飛翔体へのワイヤレス給電の歴史

1963 年、Brown らは小型のヘリコプターに対しマイクロ波給電（以下、本章では Microwave Power Transmission の頭文字を取り MPT と略す）実験を行った。この実験では 3.0 GHz のマイクロ波 5000 W を送電し、高さ 5.5 m にある小型ヘリコプターの下部に設置されている面積約 0.4 m² のレクテナで受電させた。なお、送電アンテナには直径約 3 m のパラボラアンテナが用いられた。結果として、送受電効率 15 %、受電電力は 750 W となった [1]。

1992 年、京都大学のグループは MILAX と呼ばれる燃料を搭載していない飛行機を使った給電実験を行った。この実験では 2.45 GHz のマイクロ波 1.25 kW を送電し、上空 10 m を飛行している固定翼 UAV の下部に設置された 120 素子のレクテナで受電させた。実験の結果、飛行中の最大受電電力は 88 W を計測し、さらにレクテナで得た電力からモーターを駆動させて、送電装置を積載した自動車の上空を、CCD カメラを用いた画像処理により追従しながら飛行させることに成功している [2]。

1987 年、J. J. Schlesak(SHARP) らは翼幅 4.5 m、重量 4.1 kg の飛行機に対してマイクロ波のビームを照射し、飛行させる実験を行った。この実験では、高度 150 m の飛行機に対して行われ、送電側のアンテナには直径 4.5 m のパラボラアンテナ、受電側には 2 偏波のレクテナをアレー化したものが用いられた。実験結果としては、送受電効率 1.5 % を計測し、4.1 kg の飛行機を飛ばすのに十分な電力を供給することに成功している [3]。

1995 年、藤野らは ETHER と呼ばれる飛行船を製作し、MPT 実験を行った。周波数 2.45 GHz、電力 10 kW を送電しており、送電側にはパラボラアンテナ、受電側に 3 m × 3 m、1200 素子のレクテナを採用している。実験結果として、高度 35-45 m において 4 分間の飛行・給電に成功している [4]。

2017 年、嶋村らは周波数 5.8 GHz 帯を用いて、軽量フェルトレクテナ

– 135 –

への給電実験を行った。実験には、送電側にアレー化したホーンアンテナ、受電側にアレー化したフェルトレクテナを用いている。この実験では、5.8 GHz 以下の MPT により 50 m 上空で飛行している固定翼 UAV (Unmanned Aerial Vehicle) の飛行が可能になることを示した。しかし、回転翼 UAV では 5.8 GHz 以下の MPT では飛行は困難と結論付けた。これは、回転翼 UAV の消費電力が大きいことや受電レクテナの搭載面積が小さいことなどが原因である。したがって、回転翼 UAV の飛行を実現させるためには 5.8 GHz 以上の MPT が必要であることが示された [5]。

2019 年、経済産業省（MITI）や JAXA などが UAV を用いた MPT 実験を行った。この実験では周波数 5.8 GHz、電力 1600 W を送電しており、上空でホバリングしている UAV は完全な自動制御を行っている。送電側にはビーム方向制御が可能なフェイズドアレーアンテナ、受電側には 200 mm × 186 mm のアレー化した円形マイクロストリップアンテナを用いている。実験結果としては、高度 10 m で直流電力約 60 W、高度 30 m で直流電力約 42 W を計測した [6]。

2020 年、Hung らは自立制御型小型 UAV に対して周波数 28 GHz の MPT 実験行った。この実験では、電力 2.04 W を垂直上方に送電し、IFT

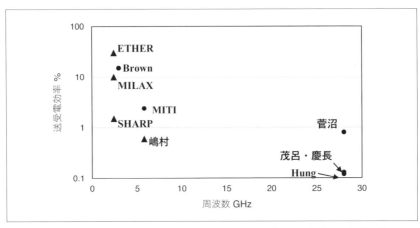

〔図 6-1〕飛行している UAV への MPT 先行研究の周波数・送受電効率
（●：回転翼 UAV、▲：固定翼 UAV）

- 136 -

法を用いて回転翼型 UAV を自律的に制御することでマイクロ波ビーム
上をホバリングさせ効率よく給電させている。送電側には単体のホーン
アンテナ、受電側にはサイズ 18 mm × 15 mm の 4 素子マイクロストリッ
プパッチアンテナを用いている。実験結果は、高さ 0.8 m において送受
電効率 0.12 % を計測した [7]。

　2021 年、菅沼らは Hung らの実験に送電ビームを UAV の位置情報に
合わせて追尾させる改良を加えて周波数 28 GHz の MPT 実験を行った。
電力 5.3 W を送電し、UAV 下部設置されているレクテナにより受電させ
ている。実験結果は、高さ 0.8 m において送受電効率 0.88 % を計測、
UAV の飛行時間約 20 秒間途切れることなく MPT に成功した。また、菅
沼らは自身の実験系での送受電効率を解析的に与える式を提案した。こ
の解析式は UAV が安定飛行している間において、実験で得られた送受
電効率を再現した [8]。

　2022 年、慶長・茂呂らは菅沼らの実験から受電アンテナのアレー数
増加と PID 制御による UAV の姿勢安定化を行い周波数 28 GHz の MPT

〔表 6-1〕自由飛行している UAV への MPT の先行研究結果一覧

	Brown (1963) [1]	MILAX (1992) [2]	SHARP (1987) [3]	ETHER (1995) [4]	嶋村 (2017) [5]	METI (2019) [6]	Hung (2020) [7]	菅沼 (2021) [8]	茂呂・慶長 (2022) [9]
周波数 [GHz]	3.0	2.45	2.45	2.45	5.8	5.8	28	28	28
送電電力 [W]	5,000	1,000	10,000	10,000	4.0	1,600	2.04	3.8	3.8
送電アンテナ	パラボラアンテナ	フェイズドアレーアンテナ	パラボラアンテナ	パラボラアンテナ	ホーンアンテナ	フェイズドアレーアンテナ	ホーンアンテナ	ホーンアンテナ	ホーンアンテナ
送受電効率 [%]	15	10	1.5	30	0.6	2.4	0.12	0.88	0.13
送電距離 [m]	5.5	10	150	35-45	1.5	30	0.8	0.8	1.2
送電距離 [m]	5.5	10	150	35-45	1.5	30	0.8	0.8	1.2

❀ 6章　飛翔体への給電実験

実験を行った。実験結果は、高さ 120 cm において送受電効率 0.13 % を計測、UAV の飛行時間約 48 秒間連続での MPT に成功した [9]。

　本章では 2021 年菅沼らの解析式と実験結果と 2022 年慶長・茂呂らの実験結果を示す。

６.２　回転翼 UAV へのワイヤレス給電における 28 GHz の優位性（2020 年時点）

　回転翼型 UAV への MPT の最適な周波数選定を行うため、50 m 上空への MPT を 3 種類の効率に分けて考える。

　はじめに、送電側から放射されたビームが拡散せずどれだけ受電側のアンテナに照射されているかを示す効率として、ビーム収集最大効率 $\eta_{beam,max}$ を考える。$\eta_{beam,max}$ に関しては 3 節で計算方法の詳細を示す。仮定として、送電側から放射される RF 電力の分布がガウシアンビームとする。また、回転翼型 UAV のレクテナ搭載面積の 1 辺 50 cm、現在のドローン充電ポートと同等の大きさである送電アンテナ径を 40 cm と仮定する。

　大気減衰による透過効率 η_{air} に加えて、最後に各周波数の先行研究での最大 RF-DC 変換効率 η_{RF-DC} を考える [7], [10]-[17]。ここで、整流回路は最適な接続によって DC 電力の合成が 98 % で行われるとする [18]。

　以上 3 種類の効率を考慮した、各周波数での効率 η_f は以下の式で表される。

$$\eta_f = 0.98 \times \eta_{beam,max}\eta_{air}\eta_{RF-DC} \quad \cdots\cdots\cdots\cdots\cdots\cdots\cdots \quad (6\text{-}1)$$

　周波数と効率でプロットした η_f を図 6-2 に示す。

　図 6-2 より、高度 50 m の電力伝送において、10 GHz 以下ではビームの拡散による η_{beam} の低下が支配的で η_{freq} が低い。一方、100 GHz 以上では、整流回路に用いられるダイオードなどの製作技術が発展途上であることから、η_{RF-DC} により η_{freq} が低い。60, 200 GHz 周辺では大気減衰が無視できないため、η_{air} により η_{freq} が低い。以上より、高度 50 m の電力伝送では、28 GHz が 20.1 % と最も高効率で、次点で 94 GHz が適すると示された。

　28 GHz と 94 GHz で送電装置を考えると、28 GHz では、可搬性に優れた TWT アンプにより CW で最大 500 W を出力する事が可能である。一方、

－ 139 －

90 GHz ではハイパワー発振源としてジャイロトロンが挙げられるが、重厚長大かつ CW 出力に難がある。回転翼型 UAV への電力伝送には、28 GHz が最も高効率で行えることが示された。

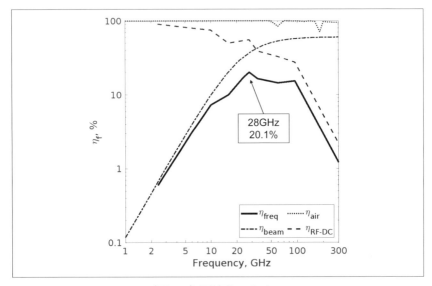

〔図 6-2〕周波数による η_f

6.3 菅沼らによる飛行デモンストレーション実験と効率解析

6.3.1 送電系・追尾システム

　送電アンテナにはホーンアンテナを用いた。このアンテナ単体の開口径はE面方向に3.2 cm、H面方向に4.0 cmでGainは19.2 dBiである。本デモンストレーションでは2本のホーンアンテナをE面方向にアレー化してフェイズドアレーアンテナとする。アレー化したホーンアンテナの距離0.8 mでの放射パターンを図6-3に示す。送電側アレーアンテナの4.1.節より遠方界距離は1.06 mだが、図6-3より0.8 mでもガウシアンビームで近似が可能であった。放射パターンより距離0.8 mでのビームウエストはE面（アレー方向）5.0 cm、H面1.1 cmであった。ガウシアンビームについては、後述するガウシアンビームとビーム収集効率 η_{beam} のパートで詳細を示す。

　複数のアンテナを並べて単体のアンテナよりも鋭い指向性を実現したものをアレーアンテナと呼び、それぞれのアンテナ素子に入力される電

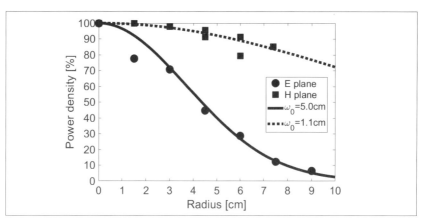

〔図6-3〕距離0.8mにおけるホーンアンテナ単体の放射パターン

力の位相を制御することで、放射方向を制御できるアレーアンテナを
フェイズドアレーアンテナと呼ぶ。さらに、UAV など追尾対象に向けて
放射方向を制御するものをレトロディレクティブシステムと呼ぶ。レト
ロディレクティブシステムは、UAV の位置特定信号であるパイロットシ
グナル処理とフェイズドアレーアンテナの統合により形成される。本研
究では、屋内 GPS をパイロットシグナルとして用いるため、この追尾
方式を GPS レトロディレクティブシステムと呼ぶこととする。

図 6-4 に GPS レトロディレクティブシステムの概要図を示す。まず、
UAV に取り付けられた屋内 GPS から位置情報が PC へと送信される。こ
の位置情報をもとに位相角を計算して入力することで、ビーム方向を
UAV の移動に合わせてビームフォーミングをすることができる。移相器
に入力する位相角を φ_{phase}、波長を λ、アンテナ素子間距離を d とすると、
ビーム方向角 α は以下の式で示される。

$$\alpha = \left(\frac{\varphi_{phase}}{2\pi d}\right)$$ .... (6-2)

フェイズドアレーアンテナの放射パターンはアレーアンテナ直上が最
も強くなるため、UAV への MPT においては、UAV がアンテナ直上でホ
バリングすることが望ましい。そこで、本研究では、GPS の位置情報は
ビームフォーミングに用いると同時に、UAV の位置補正にもフィード
バックする。

送電側の 28 GHz 発振器には、Dielectric Resonance Oscillator（DRO）
を用いた。この DRO は出力端子を 2 つ持ち、うち 1 つに内蔵されてい
る移相器を PC に接続して、ビームフォーミングを行う。

本研究では送電電力を増加させるため、パワーアンプを同軸 K コネ
クターにより DRO 発振器の 2 つの出力端子に接続して行う。このパワー
アンプの先に、アイソレーター、同軸 K コネクター、同軸導波管変換器、
導波管フランジを経て、1 つ送電アンテナから 1.9 W が放射される。2
つの送電アンテナから放射される電力は合計で 3.8 W である。

送電アレーアンテナの放射パターンと中心利得の変化を図 6-5 に示
す。追尾を有効化することでない場合に比べて広い範囲で高い利得を得

ることができる。一方、中心利得はビーム角度の増加に伴って減少する。

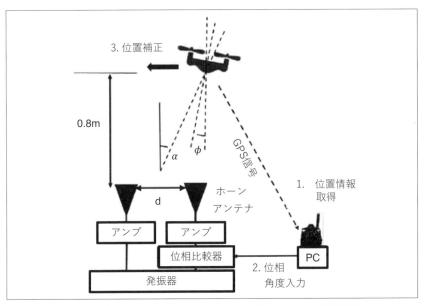

〔図 6-4〕GPS レトロディレクティブシステムの概要図

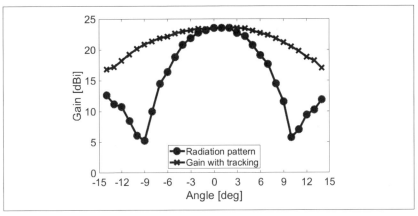

〔図 6-5〕送電アンテナの放射パターンと中心利得の変化

6.4 受電レクテナ

6.4.1 アンテナ

　本研究で用いた受電アンテナは4アレー化したパッチアンテナである。このレクテナ素子は重さ0.61g、面積で270 mm^{2}である。アンテナ・整流回路ともにPTFE基板DiClad 880（Rogers Corporation）を使用した。DiClad 880の諸元は表6-2に示す。アンテナで得た電力は給電線路中央より、表裏を繋ぐ導線により整流効率へと供給される。

　アンテナの詳細な寸法は図6-6と表6-3に示す。

　飛行デモンストレーションの解析のため、以下パッチアンテナアレー

〔表6-2〕DiClad880の諸元

周波数	28 GHz
誘電正接	0.0008
誘電体厚さ	0.5 mm
比誘電率	2.17
導体厚み（Cu）	0.018 mm

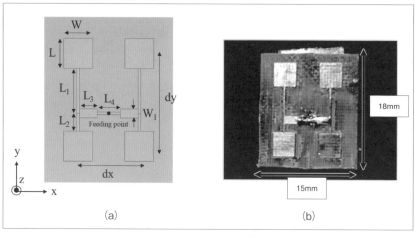

〔図6-6〕(a) アンテナ概略図 (b) 作製したアンテナ

の S_{11} を $S_{11,antenna}$ と呼ぶ。$S_{11,antenna}$ は 28 GHz で -19.4 dB である。このアンテナの E,H 面の放射パターンを図 6-7 に示す。図 6-7 よりアンテナのシミュレーション値と実測値は近く一致した。このアンテナ素子単体の利得は 10.7 dBi で、アンテナ開口効率は 29.8 % である。アレー時にアレー

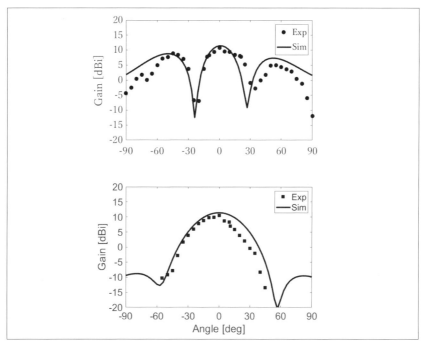

〔図 6-7〕受電アンテナの放射パターン（上:E 面、下:H 面）

〔表 6-3〕アンテナの詳細寸法

dx	7.0 mm
dy	9.9 mm
W	3.2 mm
L	3.2 mm
L_1	4.8 mm
L_2	1.8 mm
L_3	1.9 mm
L_4	2.8 mm
W_1	1.0 mm

アンテナ同士の距離が1波長あることから、アンテナ素子間隔係数は0.75となる [19]。

6.4.2 整流回路

整流回路はアンテナと同じ基板材料で、シングルシャント型を採用した。用いたダイオードは MA4E1317（MACOM）である。整流回路の寸法と作製した整流回路の写真を図6-8に示す。

この整流回路は終端負荷 130 Ω の場合に最も高効率に作動する。130 Ω 負荷接続時の整流回路への入力電力に対する RF-DC 変換効率を図6-9に示す。整流回路への入力電力が 246 mW で最大 RF-DC 変換効率 55.5 %であった。また、入力電力が 368 mW 以上でダイオードが破壊し、整流回路はブレークした。

飛行デモンストレーションの解析のため、以下では整流回路のFeeding Point における S_{11} を $S_{11,rectifer}$ と呼ぶ。飛行デモンストレーション時に Feeding Point に印加される見込みの入力電力に対する $S_{11,rectifer}$ を図6-10に示した。RF-DC 変換効率が入力電力に比例して増加するに従い、$S_{11,rectifer}$ は入力電力に対して線形的な減少が確認できた。

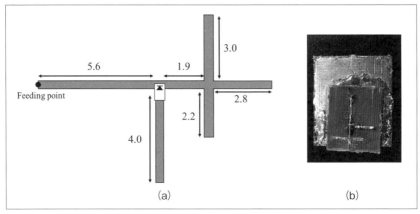

〔図6-8〕(a) 整流回路の寸法 (b) 作製した整流回路

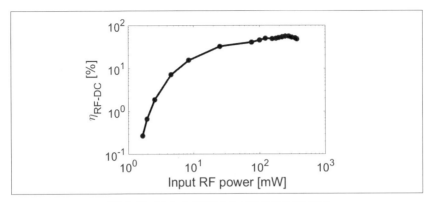

〔図 6-9〕130 Ω接続時の RF-DC 変換効率

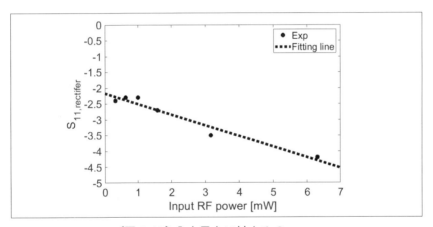

〔図 6-10〕入力電力に対する $S_{11,rectifer}$

6.5 UAV制御系

　本研究では、MPT実験に回転翼型UAVを用いる。回転翼型UAVは進行方向側のモーターの回転数を下げ、反対側のモーターの回転数を上げることによって、揚力に差を生み出し所望の方向へと移動することができる。モーターの回転数の差異で機体の姿勢は傾き、傾きが大きいほど移動速度が大きくなる。マイコンとIMU（Inertia Measurement Unit）からなるフライトコントローラーが、姿勢や高度の情報からモーターの回転数を決定する。モーターの回転数はESC（Electric Speed Controller）により制御される。

　一般にUAVは、左右の移動にはロール角、前後の移動にはピッチ角、正面方向の変化にヨー角の3軸を変動させる。本研究では、水平方向は屋内GPSの位置情報をもとにしている。よって、回転翼型UAVは位置から速度を決定し、速度を与える姿勢変動をすることで、所望の位置へと移動をする。本研究では、水平方向には位置と速度に対してフィードバック制御を行う2自由度フィードバック制御系を、高度・正面方向の制御にはフィードバック制御を用いる。

　本研究のMPT実験に用いる回転翼型UAVはAR.Drone2.0 [20][21]で、諸元は表6-4に示す。AR.Drone 2.0を比例制御により制御し、制御ゲインは先行研究によりIFT（Iterative Feedback Tuning）法により最適値を得ている [7]。本研究における制御構造を図6-11に、各制御ゲインの最適値を表6-5に示す。図6-11において、$x, y, u, v, \varphi, \theta, \psi, r, h, V_z$ はそれぞれ慣性系の x 座標、慣性系の y 座標、x 方向速度、y 方向速度、ロール角、

〔表6-4〕AR.Drone 2.0 の諸元 [20][21]

屋内飛行時のサイズ	52 cm × 52 cm × 11 cm
重量	420 g
バッテリー特性	11.1 V, 2000 mAh
バッテリー使用時の飛行時間	12分
ペイロード	100 g

ピッチ角、ヨー角、ヨーレート、高度、上昇速度であり、K はパラメーターの制御ゲイン、上付き文字 ref は所望の値を指す。

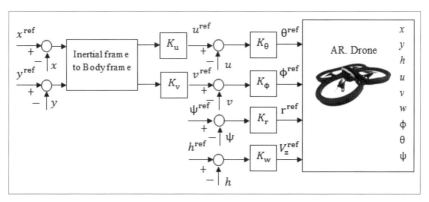

〔図 6-11〕AR.Drone 2.0 の制御構造

〔表 6-5〕比例制御ゲインの最適値

K_u	K_θ	K_v	K_ϕ	K_r	K_w
0.8	− 0.5	0.7	0.7	1.5	1.2

6.6 送受電効率の解析式

　本研究では、UAV に取り付けられたレクテナから出力された DC 電力と UAV へと放射される送電電力の比を、送受電間効率と定義する。MPT 実験における送受電間効率 η_{exp} は送電電力と受電 DC 電力の計測により容易に求めることができる。この η_{exp} を理論的に求めるために、送受電間の解析効率 η_A を 6 つに細分化して考える。η_A の概要は図 6-12 に示す。

$$\eta_A = \eta_{beam}\eta_{air}\eta_{cap}\eta_{tra}\eta_{RF\text{-}DC}\eta_{com} \quad\quad\quad\quad (6\text{-}3)$$

・η_{beam}：ビーム収集効率
・η_{air}：大気減衰による効率
　本研究では 10 m 以下のため無視して η air=1 とする。
・η_{cap}：マイクロ波捕集効率
・η_{tra}：透過効率
・$\eta_{RF\text{-}DC}$：整流回路の RF-DC 変換効率
　本研究ではフィッティング関数により与える。
・η_{com}：レクテナの直流電力効率

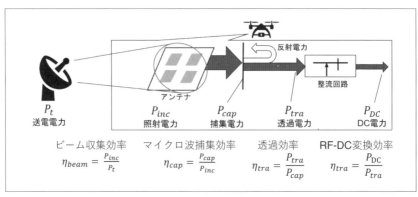

〔図 6-12〕解析効率 η_A の概要

先行研究よりすべての整流回路の DC 出力の合成損出が 2% であったことから、本研究でも $\eta_{com} = 0.98$ とする [22]。

　以下の節では、$\eta_{beam}, \eta_{cap}, \eta_{tra}$ の詳細な解析式について示す。

６.６.１　ガウシアンビームとビーム収集効率 η_{beam}

　アンテナから放射された電磁波が自由空間を伝播する場合、アンテナ遠方界では放射されたビーム平面形状をガウス分布とすることができる。このようなビーム形状を持つビームはガウシアンビームと呼ばれる。アンテナ放射方向を z 軸とする円筒座標系において、ガウシアンビームの電力密度 $S(r)$ は以下の式で示される。

$$S(r) = S(0)exp\left(-\frac{2r^2}{\omega_z^2}\right) \quad\cdots\cdots\cdots\cdots\cdots\cdots\cdots\cdots\cdots\quad (6\text{-}4)$$

$$S(0) = \frac{2}{\pi\omega_z^2}P_t \quad\cdots\cdots\cdots\cdots\cdots\cdots\cdots\cdots\cdots\cdots\cdots\quad (6\text{-}5)$$

　ここで、$r, \omega_z, P_t, S(0)$ はそれぞれビームの中心から半径方向への距離、ビーム半径、送電電力、中心電力密度である。ビーム半径は $r = \omega_z$ となる位置において、中心電力密度の $1/e^2$ となる半径を示す。中心電力密度 $S(0)$ は送電電力を半径 ω_z の円の面積で平均値の 2 倍である。

　電磁波の回折により、ビーム波面は距離 z の増加に従って広がっていく。ビーム半径 ω_z は波長や距離 z に依存する関数として、以下の式で示される。

$$\omega_z = \omega_0\sqrt{1+\left(\frac{\lambda z}{\pi\omega_0^2}\right)^2} \quad\cdots\cdots\cdots\cdots\cdots\cdots\cdots\quad (6\text{-}6)$$

　ここで、ω_0 はビームウエストである。ビームウエスト ω_0 はガウシアンビームが最も集光される場合のビーム半径である。式 (6-6) に関して、ビームウエストが小さければある距離でのビーム半径は大きくなる。よって、拡散を抑えたい場合には、ビームウエストの大きいアンテナを

用いる必要がある。

本研究で送電アンテナとして用いるホーンアンテナは、導波管接続部より開口径が徐々に広がっていく形状をしている。本研究のホーンアンテナにおいて、ビームウエスト ω_0 はホーンアンテナ内部に位置しているため、ビームはホーンアンテナから放射された後、広がり続ける。ホーンアンテナが形成するガウシアンビームの概念図を図6-13に示す。

本研究におけるビーム収集効率 η_{beam} は、送電アンテナ放射パターンがガウシアンビームで近似できることから、下記(6-7)で示される。

$$\eta_{beam} = \left\{erf\left(\frac{\sqrt{2}L_x}{2\omega_{zx}}\right)erf\left(\frac{\sqrt{2}L_y}{2\omega_{zy}}\right)\right\}exp[f_x - C_{beam}\alpha^2]exp\left(-\frac{2y^2}{\omega_{zy}^2}\right).$$
$$\cdots (6\text{-}7)$$

第1項はガウシアンビームをレクテナ面積で積分した電力密度の送電電力に対する比を表す。誤差関数 erf はガウシアンビームの空間積分の解である。$\omega_{zx}, \omega_{zy}, L_x, L_y$ はそれぞれ、高さzでのビーム半径x,y方向のビーム半径である。

第2項はx軸方向のビームフォーミングによるアレー指向性に対する角度特性を示す。f_x, C_{beam} はそれぞれビームフォーミング方向の放射パターンのフィッティング関数、利得係数である。このデモンストレーションでは、追尾システムはx軸のみ有効であるため、fは図6-5に示したx軸方向ビーム角 α を用いて、この利得減少をフィッティングした関数を代

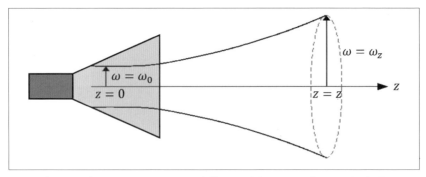

〔図6-13〕ホーンアンテナの形成するガウシアンビームの概念図

入する。利得係数はフィッティングの結果、本研究では 0.01 を用いる。

第 3 項は UAV の y 軸方向の移動による捕集電力の減少を示す。

第 2,3 項について、Y 軸追尾がある場合は第 3 項の代わりに Y 軸方向の指向性でフィッティングした第 2 項を用いればよい。逆に追尾をつけない場合は、第 2 項の代わりに UAV の X 軸方向移動を考慮した第 3 項を用いることができる。

6.6.2　捕集効率 η_{cap}

捕集効率は下記の式で示される。

$$\eta_{cap} = \eta_{dis} \frac{\lambda^2 G_{peak}}{4\pi A} f_E(\alpha - \phi) f_H(\theta), \quad \cdots\cdots\cdots\cdots\cdots\cdots \quad (6\text{-}8)$$

最初の係数 η_{dis} は、各レクテナ素子の距離における結合損失を示す。本研究ではレクテナ素子間距離 1.0 λ であり、篠原らの先行研究では 1.0 λ の場合 25 ％ の効率劣化を見積もっている [23]。よって、本研究では η_{dis} ＝ 0.75 とする。

第 2 項は最大アンテナ開口効率を示す。$G_{peak}, A, \theta, \phi$ はそれぞれ、受信アンテナの Peak 利得、受信アンテナユニットの面積、UAV のピッチ角、ロール角である。第 3 項と第 4 項はそれぞれ E 面と H 面における受電アンテナ利得のフィッティング関数である。α, ϕ, θ は、UAV の飛行ログから得ることができる。

なお、本研究では簡単化のため、ヨー角変位の影響がないように UAV を制御している。後述のデモンストレーションでのヨー角変動量は ±3° 未満のため、η_{cap} 含めていない。

6.6.3　透過効率 η_{tra}

透過効率 η_{tra} はアンテナ・整流回路の S_{11}[dB] 下記の式で示される。

$$\eta_{tra} = 1 - 10^{\frac{S11,antenna}{10}} - 10^{\frac{S11,rectifer}{10}}. \quad \cdots\cdots\cdots\cdots \quad (6\text{-}9)$$

6.7　飛行デモンストレーション結果

　飛行デモンストレーションの実験系を図6-14に示す。本デモンストレーションでは追尾システムを使用した場合としない場合の両方で実施した。UAVは送電アンテナから0.8 mの高さで30秒間ホバリングするように設定した。実験系を図6-15に示す。高さ0.8 mに設定したのは、先行研究で地面効果が無視できる高さであるためである[24]。

　受電レクテナを2×2で並列接続して、DC電力はマイコンで検出する。図6-15は高度0.8mでのホバリング試験における。UAVの機体中心につけたレクテナアレーの変位をXY平面に表したものである。

　図6-16(a)は、追尾システムを使用した場合と使用しなかった場合で、UAVに取り付けられた整流回路から出力された30秒間のDC電力を示

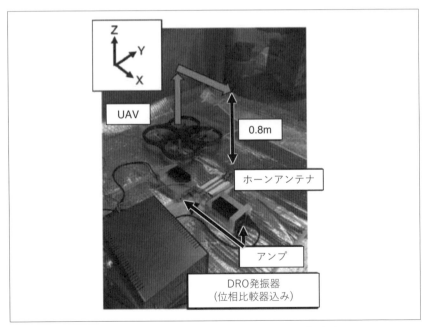

〔図6-14〕飛行デモンストレーションの実験系

す。UAV の姿勢の変位が小さく、送電アンテナ直上に位置していた時、10 mW の DC 出力が得られた。追尾システムを使用した場合、最小 DC 出力は 0.01 mW であった。対して、追尾システムを使用しなかった場合、RF 電力を受電できず DC 出力ができない時間があった。

図 6-16(a) の結果を UAV の挙動から考察する。図 6-16(b) は追尾システムを使用した場合、図 6-16(c) は追尾システムを使用しなかった場合の飛行中 30 秒間のロール角・ピッチ角・ヨー角・ビーム方向角を示す。ロール角・ピッチ角・ヨー角はすべて ±3°未満で、追尾の有無にかかわらず、30 秒間を通して安定している。図 6-16 (d),(e) は送電アンテナ

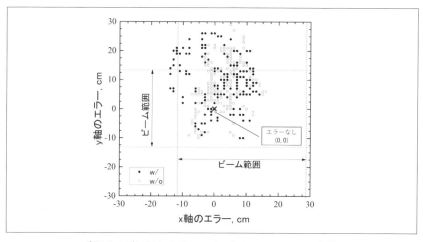

〔図 6-15〕高さ 0.8m における UAV の XY 変位

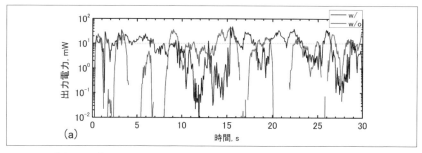

〔図 6-16〕(a) UAV 飛行中のレクテナから得た DC 出力電力

- 155 -

中心を原点とするXY平面における、飛行中30秒間のUAVの変位とUAV高度変化を示したものである。X方向の変位が10 cm程度に対して、Y方向の変位は20 cm以上でビーム追尾範囲から外れていることがわかる。また、高度に関しても20 cm以上の急降下が2,3回発生している。Y軸方向と高度の変動が大きい原因として、屋内GPSユニットとの通信が途絶えることで、UAVの姿勢修正が行えなかったためである。

　x方向の誤差は±15 cm以上、y方向の誤差は-10 cm～25 cm以上の場合、追尾システムの範囲外となる。また、高さhの誤差は最大40 cm。実験系全体として最大20 cmほどの誤差が生じる。それらの誤差の影響で、ビーム追尾があってもDC出力は図6-16(a)のように変動してしまっている。

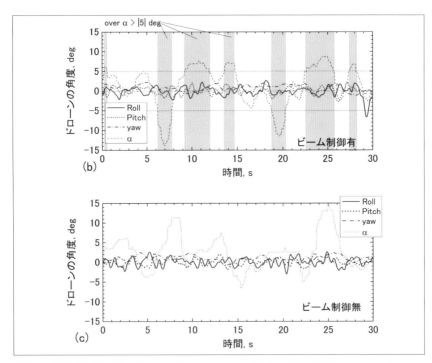

〔図6-16〕(b) 追尾システムを使用した実験 (c) 追尾システムを使用しなかった実験でのUAVのロール・ピッチ・ヨー角とビーム方向角

追尾を使用した場合の η_{exp} と η_A の比較を図6-16(f) で示す。η_{exp} の最大値は t＝15.4 秒で 0.9 % である。グレーのイライトの範囲以外で η_A は η_{exp} を見積もることができた。グレーのハイライトは、ビーム角度 α が

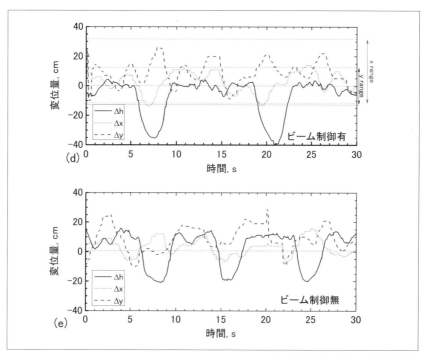

〔図6-16〕(d) 追尾システムを使用した実験 (e) 追尾システムを使用しなかった実験での UAV の x,y,h（高さ）方向の変位

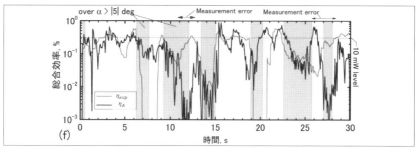

〔図6-16〕(f) 追尾を使用した実験の η_{exp} と η_A の比較

5°を超えた範囲を示している。グレーのハイライトの範囲はDC出力が10 mW未満である時間とほぼ一致している。また、11〜12秒・26〜28秒でη_Aがη_{exp}をうまく再現できなかった理由は、地面や壁面によるマイクロ波の反射と、サイドローブの照射による影響によるものと考えられる。η_Aはビームフォーミングしたメインローブの直接波にしか適用できないためである。本研究では、高度0.8 mで飛行デモンストレーションであったがマイクロ波の反射やサイドローブの影響は屋外での長距離伝送実験であればマイクロ波の反射やサイドローブの影響はなく、遠方界のためη_Aはより精度よくη_{exp}を再現できると考えられる。

実験結果を解析的に理解するため、図6-16(g)でη_Aをη_{beam}, η_{cap}, η_{tra}, η_{RF-DC}に分解して考察する。t=15.4秒でη_{exp}とη_Aでそれぞれ0.9%、0.43%である。t=15.4秒のη_{beam}, η_{cap}, η_{tra}, η_{RF-DC}はそれぞれ4%, 30%, 90%, 40%である。η_{cap}は図6-16(d)のビーム角が5°を超えると25%以下に低下する。これは、ビーム角が5°振れると、UAVの位置が7 cmずれることになり、高さ0.8 mでは26%に減少することと合致する。η_{tra}, η_{RF-DC}は受電アンテナへの入力電力に依存するため、$\alpha>10°$の場合(t=7〜9秒。19〜20秒)でη_{tra}, η_{RF-DC}はそれぞれ30%未満、0.001%未満に大幅に劣化する。

本研究におけるη_{beam}は4つのレクテナしか搭載していないことと、水平方向の変位が20 cmであったため、最大値は5%であった。

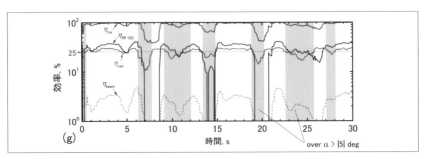

〔図6-16〕(g) フライト中の各効率のばらつき

6.8　慶長・茂呂らによる飛行デモンストレーション実験

6.8.1　受電アンテナ：16アレーパッチアンテナ

　慶長・茂呂らは2022年に飛行デモンストレーション実験を実施した。この節では先行研究である菅沼らの実験からの改善点と実験結果を示す。

　4アレーパッチアンテナを受電アンテナに用いた菅沼らの実験の課題として、ビーム収集効率が最大4％程度と低く、整流回路に印加できるRF電力が小さかったことが挙げられる。受電面積増加によるビーム収集効率向上と、整流回路に印加するRF電力量を増やして整流効率向上のために、慶長はパッチアンテナのアレー数を16に増やし、4直列4並列で給電する構造に変更した。16アレーパッチアンテナの詳細寸法を図6-17(a)、表6-6に、実際に作製した16アレーパッチアンテナを図

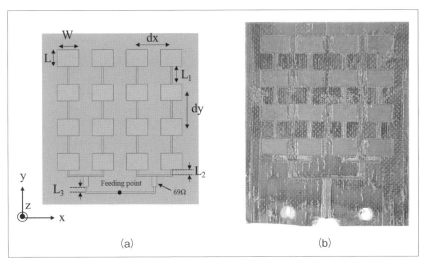

〔図6-17〕(a)16アレーパッチアンテナの概略図 (b) 作製したアンテナ

❀ 6 章　飛翔体への給電実験

〔表 6-6〕16 アレーパッチアンテナの寸法

dx	7.0 mm
dy	6.8 mm
W	4.4 mm
L	3.3 mm
L_1	3.5 mm
L_2	1.0 mm
L_3	1.0 mm

6-17(b) に示す。

28 GHz における 16 アレーパッチアンテナの S_{11} は -13.8 dB でゲイン
は 18.7 dBi であった。

6.8.2　UAV 制御：PI・PID 制御の導入

菅沼らの実験では UAV は比例制御で IFT 法によりパラメーター最適
化を実施した。しかし外乱により UAV の飛行が乱れ、ビーム範囲外に
出てしまったことで DC 出力が不安定になる点が課題だった。そこで、
茂呂は UAV 制御の制御方法を比例制御から PID 制御にすることで、外
乱に強い制御を目指した。

茂呂は高度・ヨー角は PI 制御を採用し、パラメーターは伝達関数か
ら解析的に制御器の調整法を得ることができる北森の調整法により決定
した [25]。XY 平面での変位・ロール角・ピッチ角は PID 制御を採用し、
パラメーターは MATLAB による繰り返し演算による調整法で決定した。

P 制御のみと PI・PID 制御での飛行性能の比較実験結果を図 6-18 に
示す。IFT 法によって最適化した P 制御に比べて、PI・PID 制御が XY
平面と高さ方向 Z に対してより誤差の少ない飛行が可能と示された。

6.8.3　飛行デモンストレーション実験結果

本実験もドローンとして AR.Drone2.0（Parrot）を用いる。送電系は菅
沼らの実験と同じ系で 2 アレー化したホーンアンテナ合計の送電電力は

- 160 -

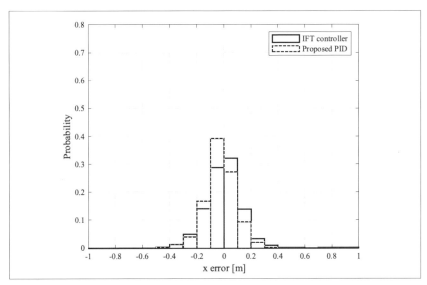

〔図6-18 (a)〕P制御(IFT法で最適化)とPID制御の飛行精度比較

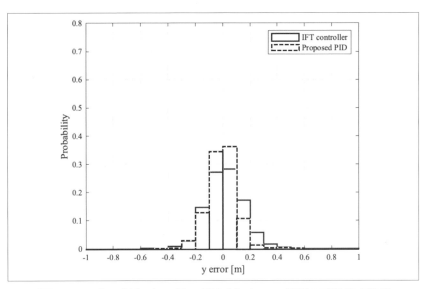

〔図6-18 (b)〕P制御(IFT法で最適化)とPID制御の飛行精度比較

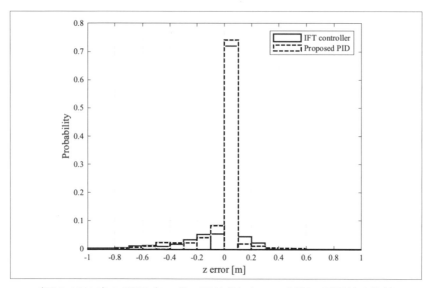

〔図 6-18 (c)〕P 制御（IFT 法で最適化）と PID 制御の飛行精度比較

35.8 dBm である。受電側レクテナは 2 × 2 の 4 アレーを並列接続して受電を行う。ドローン下部の写真を図 6-19 に示す。

ドローンはホーンアンテナから高度 1.2 m でホバリングさせ、レクテナで得た DC 出力を導線で接続したマイコンにより計測する。本デモンストレーションでは、位相制御なしと位相制御ありで行い、出力電力、送受電効率、連続給電時間について検討を行う。

図 6-20、21、22 に、位相制御がなしの場合と位相制御ありの場合の、ドローンの x,y 方向の目標値からの誤差と出力電力の飛行時間推移を示す。図 6-20、21 より、位相制御の有無にかかわらず、飛行時間 16-64 s で x,y 方向の誤差は ±0.2 m 以下に抑えられていることがわかる。高度に関しては、飛行時間 16 s から x,y 目標値から移動するまで高度誤差 ±0.2 m ほどに抑えられている。0-16 s、64-80 s の間で誤差が大きくなっているのは、リアルタイム制御の開始と終了すなわち着陸と離陸のタイミングで不安定になっているためである。

図 6-22 の各測定値を表 6-7 に示す。今回、電力が取れていない箇所

はマイコンの検出限界である-40 dBmと仮定している。図6-22と表6-7より、平均出力電力は位相制御なしで-4.06 dBm、位相制御ありで1.42 dBmと約2倍程度向上した。連続給電時間に関しては、位相制御なしに比べ位相制御ありは約9倍近く増加しており、周波数28 GHz、高度1.2 mの給電では最も長い連続給電に成功した。また、最大出力電力及び最大送受電効率においては、位相制御なしと位相制御ありの場合でそれぞれ1.02倍、約1.07倍となった。菅沼らの実験よりも安定した長時間のDC出力とより長距離送受電効率を達成した。

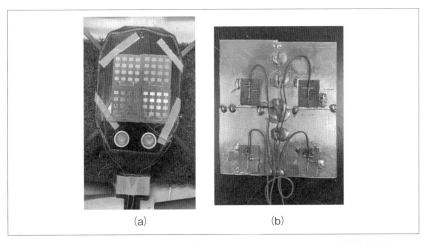

〔図6-19〕ドローン下部の写真 (a) 4アレーアンテナ (b) 整流回路

❀ 6章　飛翔体への給電実験

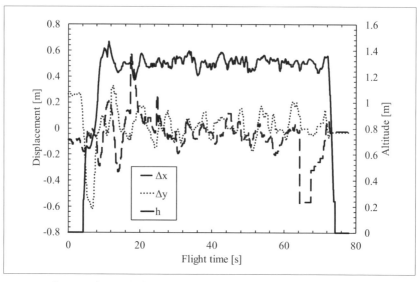

〔図6-20〕x,y方法の誤差と高度の飛行ログ（位相制御なし）

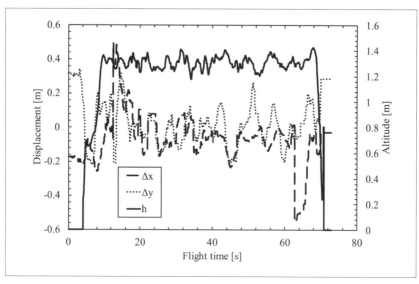

〔図6-21〕x,y方向の誤差と高度の飛行ログ（位相制御あり）

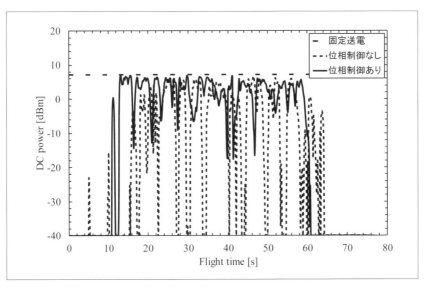

〔図6-22〕出力電力の飛行時間推移

〔表6-7〕位相制御なしと位相制御ありの各測定値

	平均電力 [dBm]	連続給電時間 [s]	最大出力電力 [dBm]	最大送受電効率 [%]
位相制御無	-4.06	5.54	6.77	0.125
位相制御有	1.42	48.75	7.09	0.135

❀ 6章　飛翔体への給電実験

6.9　UAV へのワイヤレス給電の実現可能性

　この節では、UAV への 28 GHz MPT を、菅沼らの解析結果と先行研究で行われてきた 5.8 GHz MPT、現状のバッテリー性能と比較して実現可能性を論じる。ここでは、

- ・1 MW 以下で高度 50 m を飛行中の UAV の消費電力以上の DC 出力が得られる
- ・現状のバッテリーよりも軽量な電源である

以上 2 点が満たされる場合、28 GHz MPT が実現可能と定義する。

6.9.1　5.8 GHz・28 GHz の解析効率比較

　はじめに、実験で用いた AR.Drone2.0 を例にして 28 GHz と 5.8 GHz の MPT を比較する。

　AR.Drone 2.0 の底面に 9 cm × 15 cm のレクテナアレーを搭載した場合を考える。ビーム収集効率は、レクテナを搭載面積に最大数アレーした場合の値を用いる。以下では、UAV が送電アンテナ直上で完全に停止しており、送電アンテナは正方形、すなわち $\omega_{0x} = \omega_{0y} = \omega_0$ で、送電アンテナから距離 z 離れた位置でのスポットサイズを ω_z とする。スイープさせる送電系のビームウエストは、可搬性の観点から 1 m を上限として考える。ビーム収集効率は距離 z に依存する単調減少の関数である。MPT の実現には、ビーム収集効率を最大とする送電系のビームウエストを距離 z ごとに別々で設計する必要がある。

　その他の効率に関しては、$\eta_{cap,max} = 33$ %, $\eta_{tra} = 99$ %, 28GHz において $\eta_{RF\text{-}DC} = 55$ % とする。なお、5.8 GHz、28 GHz を用いた 100 m ほどの MPT では、大気減衰による影響をほとんど無視することができる。図 6-23 に AR.Drone 2.0 への 28 GHz MPT に関して高度 0 〜 10 m での $\eta_{A,max}$ を示す。

　まず本研究の飛行高度 0.8 m、ビームウエスト 5.0 cm で $\eta_{A,max} = 12.0$ %

− 166 −

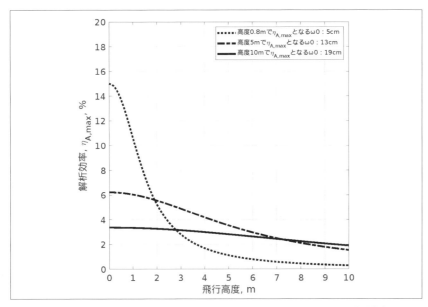

〔図6-23〕AR.Drone 2.0の高度0～10 mでの28 GHz MPTの解析効率 $\eta_{A,max}$

と計算された。消費電力を賄うためには、送電電力500 W が見積もられる。28 GHz 発振源に500 W 出力可能な TWT アンプを用いた構造を考えると、高度0.8 m では、発振源と TWT アンプが1つで AR.Drone 2.0 の消費電力を得ることが可能である。同様に5 m で $\eta_{A,max}$=3.5 % である。この場合、送電電力は1715 W、送電ビームウエストは13 cm である。10 m では $\eta_{A,max}$=1.9 %、送電電力3157 W、送電ビームウエスト19 cm で設計する必要がある。

28 GHz と比較して、先行研究 [5] で作成されたレクテナを 5.8 GHz MPT に用いた場合の高度 0-10 m での $\eta_{A,max}$ を図6-24に示す。5.8 GHz では、0.8 m で $\eta_{A,max}$=2.6 %、この場合、送電ビームウエストは11 cm である。比較すると 28 GHz が、$\eta_{A,max}$ に関して約4.6倍優位であることがわかった。5 m では $\eta_{A,max}$=0.45 % より、28 GHz が7.7倍優位である。10 m では $\eta_{A,max}$=0.25 % より、28 GHz が7.6倍優位である。得られた結果の比較を表6-8に示した。

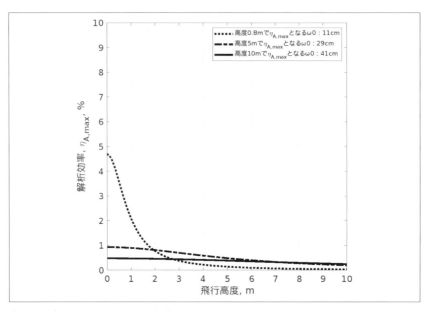

〔図6-24〕AR.Drone 2.0の高度0〜10 mでの5.8 GHz MPTの解析効率 $\eta_{A,max}$

〔表6-8〕代表高度での AR.Drone の 28GHz, 5.8GHzMPT の比較

	28 GHz		5.8 GHz	
	$\eta_{A,max}$	ω_0	$\eta_{A,max}$	ω_0
0.8 m	12.0 %	5 cm	2.6 %	11 cm
5 m	3.5 %	13 cm	0.45 %	29 cm
10 m	1.9 %	19 cm	0.25 %	41 cm

　つづいて、消費電力 4000 W の回転翼型 UAV への 28GHzMPT の $\eta_{A,max}$ を考える。図 6-25 に代表的な 4000 W 回転翼 UAV を示す [26]。先行研究より消費電力 4000 W の UAV の底面積は 1.79 m^2 と推定できる [5]。レクテナ搭載面積が底面積の 4 分の 1 とすると、1 辺 67 cm のレクテナアレーを搭載可能である。

　AR.Drone 2.0 の想定と同様の計算で $\eta_{A,max}$ を求めたものを図 6-26 に示す。物流に用いられると考えらえる回転翼型 UAV は、ペイロードと巡航速度を考慮すると、3000-4000 W で高度 20-50 m と飛ぶものと仮定する。この高度において、送電ビームウエストを適切に設計することで、

〔図 6-25〕4000 W 回転翼 UAV（DJI FlyCart 30）[26]

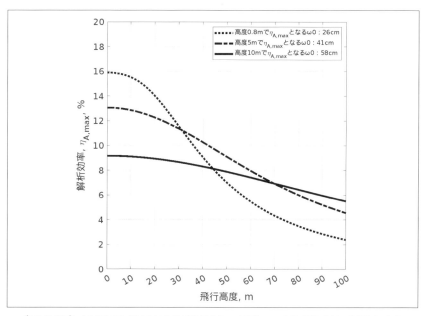

〔図 6-26〕4000 W 級 UAV の高度 20〜100 m での 28 GHz MPT での解析効率 $\eta_{A,max}$

〔表 6-9〕代表高度での 4000 W 級 UAV の 28 GHz MPT の $\eta_{A,max}, \omega_0$

	$\eta_{A,max}$	ω_0
20 m	15.7 %	26 cm
50 m	10.1 %	41 cm
100 m	6.2 %	58 cm

50 m 以下の高度では、$\eta_{A,max}$ は 10 % 以上を確保することが可能である。送電ビームウエストは 50 m で最大 41 cm であることを考えると、28 GHz MPT の送電装置は可搬性に優れたシステムであり、災害時などに送電基地を被災地に送るなどの冗長性を持たせた運用が可能にあるという利点がある。

　比較した 2 つの UAV について、最適なビームウエストで送電系を設計した場合の高度と送電電力を 28 GHz、5.8 GHz で比較したものを図 6-27、28 に示す。28 GHz MPT の場合、500 W 出力可能な TWT アンプを用いる送電系を構成する場合には、最大で 3.5 m の高度まで、AR.Drone 2.0 は飛行可能である。一方、5.8 GHz MPT では、1 kW 出力可能な送電系としてマグネトロンが考えられるが、その場合でも AR.Drone 2.0 は高度 1.6 m までしか飛行できない。4000 W 級 UAV では、高度約 3 m まで

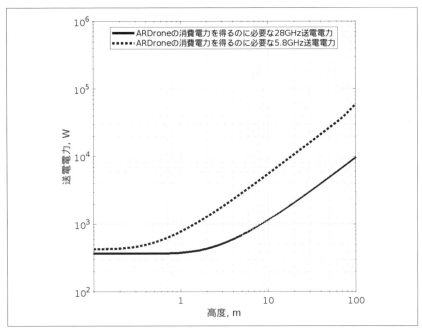

〔図 6-27〕AR.Drone 2.0 の飛行高度と消費電力を得るのに必要な
28 GHz MPT と 5.8 GHz MPT の送電電力

は 28 GHz と 5.8 GHz の差が小さい。これは、高度が低く、UAV のレクテナ搭載面積が大きいためビームの散逸による効率低下が抑えられているためである。10 m 以上の高度では、28 GHz MPT が 5.8 GHz に 2 倍以下の送電電力で飛行が可能であることが示された。一方で、28 GHz MPT はビーム半径が 5.8 GHz よりも小さくなることから、飛行精度の高い制御が必要不可欠であるともいえる。

　高度 50 m、送電アンテナ直径を 1 m での本研究と 5.8 GHz 先行研究における受電 DC 電力と参考とした回転翼型 UAV を図 6-29 に示す。28 GHz MPT の算出方法は、各レクテナ搭載面積の $\eta_{A,max}$ と送電電力から、UAV のレクテナアレーで受電できる DC 電力を求めた。比較する 5.8 GHz MPT と先行研究と同条件で検証を行うため、UAV は高度 50 m でビーム角 9 deg となる円上を位置や姿勢のズレなくホバリングすると仮定す

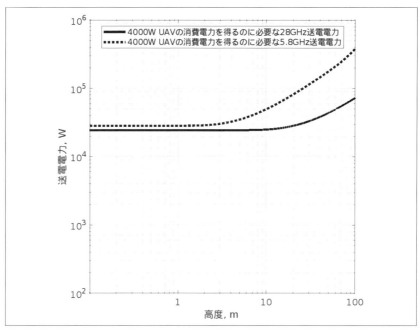

〔図 6-28〕4000 W 級 UAV の飛行高度と消費電力を得るのに必要な
　　　　　28 GHz MPT と 5.8 GHz MPT の送電電力

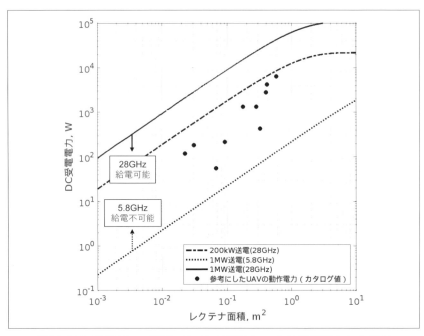

〔図6-29〕高度50m送電アンテナ直径1mの各送電電力における受電DC電力とUAVの消費電力

る。本研究では、1MW以下で消費電力を満たせる場合を実現可能とする。図6-29より、5.8GHzでは1MW送電でも、UAVの消費電力を賄うことが不可能である。一方28GHzでは、高度50mにおいて200kW送電で、UAVの消費電力以上のDC電力を得ることが可能であると示された。1MW送電、5.8GHzにくらべて28GHzの場合は消費電力の10倍ほどを得られ、飛行の消費電力を維持しながらバッテリーを充電することも可能と考えられる。

6.9.2　バッテリー性能との比較（2020年時点）

28GHz MPTと現状のバッテリーに関して、レクテナとバッテリーの重量の比較を行う。機体重量に対する両者の重量を図6-30に示す。先

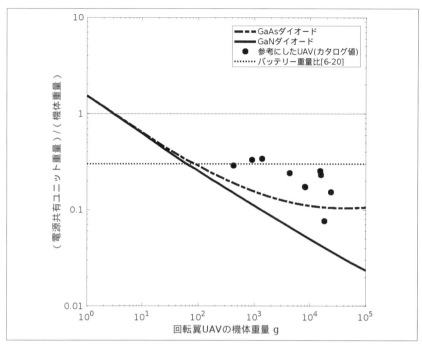

〔図 6-30〕機体重量に占める電源の割合 [20]

行研究の式で求めた底面積の 1/4 の範囲に本研究で作製したレクテナを搭載すると仮定する [5]。アンテナに整流回路の最大入力電力を超える電力が入力される場合、5.8 GHz 先行研究に従い、入力電力を処理できる数の整流回路を並列に接続する。バッテリーに関しては一般に、バッテリー重量はバッテリーを含めた機体重量の 0.3 倍である [20]。これは、1 kg 以下の回転翼型 UAV は近く一致したが、機体重量の増加に伴いバッテリーの占める割合は下がる傾向であった。本研究で用いたダイオードは窒化ケイ素で作成されたもので、この場合 90 g 以上の機体ではバッテリーと同程度の重量となることが示された。さらに、整流回路に 20 W 入力可能な GaN ダイオード [27] を用いる場合、65 g 以上で機体重量の 0.3 倍を下回り、参照とした UAV に比べ大幅に軽量化が可能であることが示された。MPT の実用上、レクテナで得た電力を統合して安定供

給するユニットの重量を考えると、28 GHz MPT は GaN ダイオードを用いたレクテナを採用するべきである。

これまでの議論より、

・精度の高い測位・制御システム

・GaN ダイオードを用いたレクテナ

以上の開発が進むことで、さらに高効率かつ大電力を要する UAV への MPT が実現可能であると考えられる。

本章では、高効率な飛翔体への MPT を目指して、28 GHz で MPT の飛行デモンストレーション実験を行った菅沼ら、慶長・茂呂らの実験結果をレビューした。

菅沼らの実験では、自立制御型小型 UAV に対して周波数 28GHz の MPT 実験を行った。先行して行われた Hung らの実験に送電ビームを UAV の位置情報に合わせて追尾させる改良を加えて、高さ 0.8 m において送受電効率 0.88 % を計測した。また、UAV の飛行時間のうち約 20 秒間途切れることなく MPT に成功した。また、菅沼らは自身の実験系での送受電効率を 6 つに分解して、解析的に与える式を提案した。この解析式は UAV が安定飛行している間において、実験で得られた送受電効率を再現した。

慶長・茂呂らは菅沼らの実験に、受電アンテナの多アレー化による受電電力向上と PID 制御を用いた UAV の安定化を追加して、高さ 1.2 m で送受電効率 0.135 % を計測した。UAV 飛行中に約 49 秒間連続して DC 出力を得ることに成功し、菅沼らの実験よりも安定的に MPT を実施できることをデモンストレーションで示した。

菅沼らが提案した解析式をもとに、過去研究で最も高周波数であった 5.8 GHz と 28 GHz の MPT 効率を比較すると、常に 28 GHz が優位であり、特に大型 UAV においては 28 GHz MPT で高度 50 m でも効率 10 % が得られることが示された。高度 50 m で飛行する 2020 年時点での UAV 動作電力をまかなうのに必要な電力は、28 GHz MPT の場合は 200kW で可能になるが、5.8 GHz では 1 MW 送電でも不可能であることも示された。

今後 GaN などの高耐圧ダイオードの開発が進めば、レクテナを用いた28 GHz MPT はバッテリーよりも軽量な電源となりうることもわかった。

　今後は、高耐圧ダイオード開発とより高精度な UAV 測位・制御システムの開発が進むことで、より高効率かつ大電力の MPT が可能になる。

参考文献

[1] W. C. Brown, "Experiments Involving a Microwave Beam to Power and Position a Helicopter," IEEE Transactions on Aerospace Elecronic System, Vol. AES-5, No.5, pp.692-702,1969.

[2] N. Shinohara, "Beam Control Technologies with a High-Efficiency Phased Array for Microwave Power Transmission in Japan," Proceedings of IEEE, Vol.101, No.6, pp.1448-1463, 2013.

[3] J. Schlesak, A. Alden, and T. Ohno, "A Microwave Powered High Altitude Platform," Proceedings of the IEEE MTT-S International Microwave Symposium Digest, IEEE, New York, pp.283-286, 1988.

[4] Y. Fujino and M. Fujita, "Development of a High-efficiency Rectenna for Wireless Power Transmission -Application to a Microwave-Powered Airship Experiment," Review of the Communications Research Laboratory, Vol.43, No.3, pp.367-374, 1998.

[5] K. Shimamura, H. Sawahara, A. Oda, S. Minakawa, S. Mizojiri, S. Suganuma, K. Mori, and K. Komurasaki, "Feasibility Study of Microwave Wireless Powered Flight for Micro Air Vehicles," Wireless Power Transfer, Vol.4, No.2, pp.146-159, 2017.

[6] C. T. Rodenbeck, P. I. Jaffe, B. H. Strassner II, P. E. Hausgen, J. O. McSpadden, "Microwave and Millimeter Wave Power Beaming," IEEE Journal of Microwaves, Vol.1, No.1, 2021.

[7] D. H. Nguyen, S. Suganuma, K. Shimamura, and K. Mori, "Millimeter Wave Power Transfer to an Autonomously Controlled Micro Aerial

Vehicle," Transactions of the JSASS, Vol.63, No.3, pp.101-108, 2020.

[8] S. Suganuma, K. Shimamura, M. Matsukura, N. D. Hung, Duc, and K. Mori, "28 GHz Microwave-Powered Propulsion Efficiency for Free-Flight Demonstration", Journal of Spacecraft and Rockets, Vol.59, No.1, pp.342-347, 2022.

[9] 嶋村 耕平, 茂呂 涼真, 慶長 尚輝, "離れてもＯＫなワイヤレス給電を目指して", トランジスタ技術, 2022年6月号, pp.129-137, 2022.

[10] W. C. Brown, Chapter 2.2.4, Electronic and Mechanical Improvement of the Receiving Terminal of a Free-space Microwave Power Transmission System, NASA Sti/recon Technical Report, 40, 1977

[11] M. Nakamura, Y. Yamaguthi, M. Tsuru, Y. Aihara, A. Yamamoto, Y. Homma, and E. Taniguchi, "A 5.8 GHz-band high efficiency rectifier with a low resistance and high breakdown voltage GaAs Schottky Barrier Diode," IEICE Technical Report WPT2015-5, MW2015-5(2015-04) (in Japanese)

[12] F. Tan and C. Liu, "Theoretical and experimental development of a high-conversion-efficiency rectifier at X-band," International Journal of Microwave and Wireless Technologies, Vol. 9(5), pp. 985-994, 2017.

[13] K. Hatano, N. Shinohara, T. Mitani, T. Seki, and M. Kawashima, "Development of 24GHz-Band MMIC Rectenna," Radio and Wireless Symposium (RWS). IEEE 2013, Vol. 50, pp. 199–201, 2013.

[14] T. W. Yoo and K. Chang, "Theoretical and Experimental Development of 10 and 35 GHz Rectennas," IEEE Trans. Microw. Theory Tech., Vol. 40, no. 6, pp. 1259–1266, 1992.

[15] M. Nariman, F. Shirinfar, S. Pamarti, A. Rofougaran, and F. D. Flaviis, "High-Efficiency Millimeter-Wave Energy-Harvesting Systems With Milliwatt-Level Output Power," IEEE Trans. on circuits and systems-Ⅱ :express briefs, Vol.64, No.6, 2017.

[16] H. K. Chiou, I. S. Chen, "High-Efficiency Dual-Band On-Chip Rectenna for 35- and 94-GHz Wireless Power Transmission in 0.13-μm CMOS

Technology," IEEE Trans. Microw. Theory Tech, Vol.58, No.12, 2010.

[17] S. Mizojiri, K. Shimamura, M. Fukunari, S. Minakawa, S. Yokota, Y. Yamaguchi, Y. Tatematsu, and T. Saito, "Subterahertz Wireless Power Transmission Using 303-GHz Rectenna and 300-kW-Class Gyrotron," in IEEE Microwave and Wireless Components Letters, Vol. 28, No. 9, pp. 834-836, Sept. 2018.

[18] N. Shinohara and H. Matsumoto. "A Study of Dependance of DC Output of Rectenna Array on the Method of Inter-connection of Its Array Element," Trans IEE Jpn 1997;117-B:12541261. (日本語)

[19] 篠原真毅, "宇宙太陽発電", ISBN978-4-274-21233-8, オーム社, 2012.7

[20] L. W. Traub, "Range and Endurance Estimates for Battery-Powered Aircraft," Journal of Aircraft, pp. 703-707, 2011.

[21] M. Saska, T. Krajník, J. Faigl, V. Vonásek, and L. Přeučil, "Low cost MAV platform AR-drone in experimental verifications of methods for vision based autonomous navigation," 2012 IEEE/RSJ International Conference on Intelligent Robots and Systems, Vilamoura, pp. 4808-4809, 2012.

[22] T. Miura, N. Shinohara, and H. Matsumoto, "Experimental Study of Rectenna Connection for Microwave Power Transmission," Electronics and Communications in Japan (Part II: Electronics), Vol. 84, No. 2, pp. 27–36, 2001.

[23] N. Shinohara, Wireless Power Transfer via Radiowaves, ISTE Ltd. and John Wiley & Sons, Inc., London and New York, Chap. 2, pp. 42–47. 2014.

[24] S. Aich, C. Ahuja, T. Gupta, and P. Arulmozhivarman, "Analysis of Ground Effect on Multi-Rotors," 2014 International Conference on Electronics, Communication and Computational Engineering (ICECCE), Hosur, pp. 236–241, 2014.

[25] 北森 : 制御対象の部分的知識に基づく制御系の設計法 ; 計測自動制御学会論文集, Vol. 15, No. 4, pp. 549–555, 1979.

[26] https://www.dji.com/jp/flycart-30, "DJI FlyCart 30 - 物流に. 新たな未

来を - DJI", DJI (2024年4月6日アクセス)

[27] S. Mizojiri, K. Takagi, K. Shimamura, S. Yokota, M. Fukunari, Y. Tatematsu, and T. Saito, "Demonstration of sub-terahertz coplanar rectenna using 265 GHz gyrotron," 2019 IEEE MTT-S Wireless Power Transfer Conference (WPTC), London, 2019.

7章

未来のワイヤレス給電

7.1 超高周波ワイヤレス給電

高い周波数でのワイヤレス給電による利点と問題点

　近年、5GおよびBeyond5G、6G、サブテラヘルツ帯といったより高い周波数を用いた高レートでの通信技術が全世界で注目を集めており、その影響からマイクロ波による通信と電力供給を共用化したエネルギーハーベスティングとしての高周波対応レクテナの開発が期待されている。マイクロ波ワイヤレス給電において送電に用いるマイクロ波の周波数を高くすることは、波長が短くなることによりレクテナの小型化が可能になり、レクテナが占める面積あたりのDC出力電力（以降、レクテナ電力密度と記載）を増加させることができる。さらに、送信するマイクロ波の指向性が強まり、ビームの拡散が抑制される。これにより遠距離でもビームが外部に放散される電力損失を減らすことができるため、ビーム効率[1]の向上が可能となり、長距離のワイヤレス給電に適している。これらの利点は近年の様々な電子機器の小型化に伴い、限られた面積に十分な電力をワイヤレス給電で供給する技術開発要求に非常に適していると言える。図7-1に高周波ワイヤレス給電のメリットとアプリ

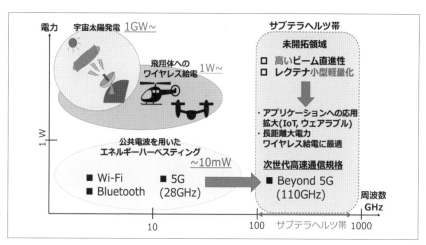

〔図7-1〕マイクロ波ワイヤレス給電のアプリケーションへの適用例

7章 未来のワイヤレス給電

ケーションの適用先のイメージ図を載せる。重要なポイントはワイヤレス給電の周波数を高くすることで

・レクテナの小型化
・レクテナの面積当たりのDC出力（レクテナ電力密度）が増加
・ビーム効率が上がり、長距離送電でのビームの散逸を抑制

これらの利点と近年の通信の高周波化のトレンドと相まって、高い周波数帯を用いたワイヤレス給電に注目が集まっている。

しかし、高周波化による問題点も多く存在する。レクテナの性能指標としてRF-DC変換効率（RF入力電力に対するDC出力電力）、DC出力電力、レクテナ電力密度（レクテナの面積当たりのDC出力電力）が存在する。先行研究における、周波数に対するRF-DC変換効率（図7-2）、DC出力電力（図7-3）、レクテナ電力密度（図7-4）、表7-1に図中に示した先行研究の詳細をそれぞれ示す。図7-2から分かるように2.45GHz～10GHzなどの比較的低周波帯では80～90%のRF-DC変換効率を示して

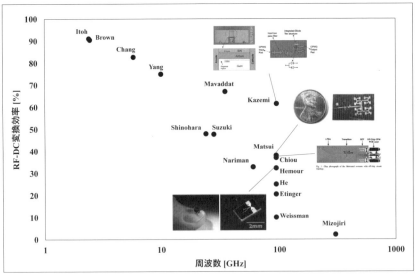

〔図7-2〕先行研究 RF-DC 変換効率 [4]-[13],[17]-[22]

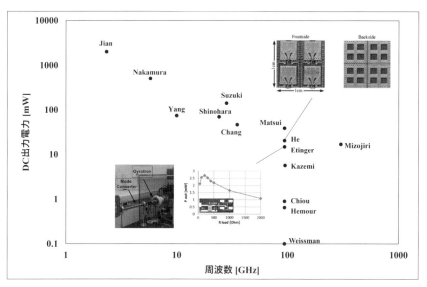

〔図 7-3〕先行研究 DC 出力電力 [4]-[6],[10],[11],[14]-[22]

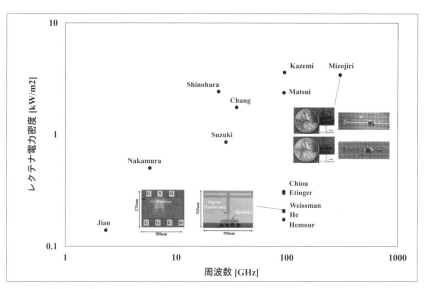

〔図 7-4〕先行研究 レクテナ電力密度 [4]-[6],[11],[14]-[22]

❀ 7章　未来のワイヤレス給電

いるのに対し、28GHz～94 GHz帯では周波数が上がるにつれて60%～40%程度までRF-DC変換効率が減少していることが見て取れる。さらに303 GHz帯では2%程度しか効率が取れていない。また図7-3でも同様に低周波帯（2.45GHz～28GHz）では500～1000mW程度のDC出力が可能であるのに対し、高周波帯（60GHz～303 GHz）では10～200mW程度DCが出力できていないことが分かる。しかし、DC出力が低下してもレクテナのサイズが高周波化により小型化しているため、図7-4に示すレクテナ電力密度は周波数に対して値が増加する傾向が見て取れ、94 GHz帯以上の周波数が優位な結果となっている。RF-DC変換効率とDC出力の低下の主な原因は高周波になるにつれてマイクロ波伝送線路の線路損失が増加すること、製作誤差によるインピーダンスのミスマッチによる反射損失の影響が大きくなること、整流ダイオードのON、OFF時のRC時定数によるスイッチング損失が大きくなるといった要因が挙げられる。とりわけ、整流ダイオードの性能がRF-DC変換効率とDC出力の限界を決定付けている。表7-1からレクテナには電子移動度が高く高周波回路で広く使用されているGaAsショットキーバリアダイオードが使用されていることが見て取れるが、高周波数帯において高効率かつ大電力出力の可能な整流ダイオードの開発が高周波ワイヤレス給電の実用化において急務であると言える。

　さらに、先行研究において94 GHz帯以上の周波数でのワイヤレス給電実験が行われていない要因として、周波数が上がると共に送信側の発振源の出力が大きく低下することが挙げられる [2]。図7-5に周波数と発振器種類および発振器出力の関係を示す。マイクロ波ワイヤレス給電実験を実施するためには、遠方界と呼ばれる電波を平面波として取り扱うことができる距離において、レクテナの整流ダイオードのON電圧以上のRF電力を供給する必要がある。そのため、数W～数MW級の大電力発振源が必要になり、低周波帯では半導体アンプ（GaAs HBT、GaN HEMT）や真空管（マグネトロン、クライストロン、TWT）の発振源が比較的簡単かつ安価に入手できるのに対し、高周波帯とりわけ100GHz以上の高周波数帯ではジャイロトロンしかkW単位での発振源は存在しな

〔表 7-1〕94 GHz 帯ワイヤレス給電の先行研究の詳細まとめ

参考文献	S.Hemour [17]	H.K.Chiou [18]	N.Weissman [19]	A.Etinger [20]	P.He [21]	H.Kazemi [22]	K.Matsui [5]	S.Mizojiri [6]
投稿年	2015	2010	2014	2017	2020	2022	2018	2018
周波数 [GHz]	94 GHz	94 GHz	94 GHz	94 GHz	94 GHz	95GHz	94 GHz	303 GHz
伝送線路	コプレーナ導波路	スロットライン&グランドコプレーナ	マイクロストリップライン	マイクロストリップライン	スロットライン&グランドコプレーナ	マイクロストリップライン	マイクロストリップライン	マイクロストリップライン
基板種類	アルミナ	Si 集積回路	Si 集積回路	テフロン基板（Duroid 5880）	テフロン基板（Rogers 5880）	GaN 集積回路	テフロン基板（NPC-F220A）	テフロン基板（NPC-F220A）
アンテナと整流回路の構成	ボウタイアンテナ+整流回路	テーパースロットアンテナ+整流回路	ダイポールアンテナ+整流回路	2×2アレーパッチアンテナ+整流回路	2×2テーパースロットアレーレクテナ	整流回路単体	4×4アレーパッチアンテナ+整流回路	パッチアンテナ+整流回路
整流ダイオード（※ SBD：ショットキーバリアダイオード）	GaAs SBD (Virginia diode VDI ZDB)	CMOS Shottky diode	CMOS	Mott diode	CMOS	GaN nano Schottky	GaAs SBD (MA4E1310 / MACOM)	GaAs SBD (MA4E1310 / MACOM)
アンテナ利得 [dBi]	NA	6.5	NA	12	13.5	−	−	8.32
ワイヤレス給電実験に用いた発振源	クライストロン	ネットワークアナライザ	半導体発振源	ジャイロトロン	信号発生器&パワーアンプ	半導体発振源	半導体発振源	ジャイロトロン
発振源出力電力 [W]	〜 100	〜20dBm	0.14	〜 5000	〜 8	0.09	〜 0.4	33400
レクテナで整流された DC 電力 [mW]	0.65	0.9	0.1	15	20.6	5.7	39	17.1
RF-DC 変換効率 [%]	32.3	37	10	20.5	23	61.5	38	2.17
負荷抵抗 [Ω]	400	100	5000	200	45	240	130	130
レクテナ面積 [mm²]	5.62	1.0 × 2.9	0.48	5.1 × 9.4	10 × 10	1.58	3.6 × 5.0	1.0 × 5.0
レクテナ電力密度（DC 電力 / レクテナ面積）[kW/m²]	0.17	0.31	0.21	0.3	0.206	3.61	2.38	3.43

❀ 7章 未来のワイヤレス給電

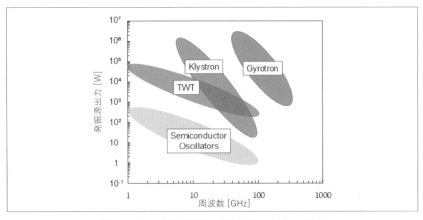

〔図7-5〕主な発振源の周波数と出力の関係

い。ジャイロトロンは主にプラズマ核融合の分野で用いられており、その発振出力と出力周波数は年々向上しており[3]、ワイヤレス給電の主に宇宙太陽光発電（SSPS:Space Solar Power Sysrem）における大電力発振源として期待されている。

高周波ワイヤレス給電の問題点は主に
・レクテナ単体のRF-DC変換効率とDC出力が低下
・より高周波帯に特化した整流ダイオードが存在しない
・安価かつ簡単に入手できる大電力の発振源が存在しない
・100GHz以上では測定が困難、および測定装置が高価または存在しない

これらの原因から高周波ワイヤレス給電の開発が活発に進んでいないと言える。

以上をまとめると、高い周波数帯でのワイヤレス給電はレクテナの小型化かつ電力密度を高め、指向性の高い長距離大電力のワイヤレス給電が可能となる。ただし、回路損失とダイオード損失が増加するため、RF-DC変換効率とDC出力電力は低下する。また、ジャイロトロンなどの高出力の発振源を用いてワイヤレス給電実験を行う必要があり、測定

装置の入手や評価自体が困難である。

　我々の研究グループは、ミリ波（30GHz～300GHz) およびサブテラヘルツ（100GHz～700GHz）でのワイヤレス給電の優位性に着目し、前述した内容も含め、28GHz、94 GHz、303 GHz のレクテナをそれぞれ開発している [4]-[6]。本節では94 GHz 帯のレクテナの先行研究の紹介と、我々の研究グループが開発した94 GHz、303 GHz レクテナの紹介、さらに高い可視光領域までを見据えた新しいダイオード（MIM ダイオード）を適用した未来のレクテナを紹介する。

94 GHz帯のレクテナの先行研究

　図7-1～図7-3 および表7-1 に示した94 GHz 帯のレクテナの先行研究例を紹介する。94 GHz 帯は大気の窓と呼ばれる、大気中の水蒸気等による減衰量が比較的少なく透過効率の高い周波数に属しており、雨雲レーダー等の用途として運用が進んでいる。また、この周波数帯はW-band（75 GHz～110 GHz）に属しており、非常に高い周波数帯ではあるがこの周波数帯まで測定が可能なネットワークアナライザ等の測定装置は市販品として入手可能である。

　図中には94 GHz 帯レクテナの先行研究の写真を各論文から引用して掲載している。各研究の概要を一言でそれぞれ記載すると、S.Hemour らはマイクロロボット用の超小型レクテナを開発 [17]、H.K.Chiou らはCMOS 0.13 μm を用いた高効率二周波共用レクテナの開発 [18]、N. Weismann らは CMOS 65nm を使用した完全オンウエハでのエナジーハーベスタとしてのレクテナを開発 [19]、A.Etinger らは発振源として 5 kW 出力のジャイロトロンを使用したワイヤレス給電実験を実施してレクテナを評価 [20]、P.He らはテーパースロットアンテナと CMOS 40 nm を使用して MMIC 整流回路を小型かつ一体化した2×2のアレイレクテナを開発 [21]、H.Kazemi らは整流回路単体の評価ではあるが、高周波整流に特化した GaN nano Schottky diode を開発し、95 GHz で整流効率61.5 % という非常に高い効率を残し、ダイオードの性能向上がレクテナの性能向上に直結していることを実際に証明した [22]。

94 GHzレクテナの開発

　日本において東京大学で 94 GHz のレクテナが開発されている。この 94 GHz 帯のレクテナはテフロン基板上にマイクロストリップラインでのパッチアンテナと GaAs ショットキーバリアダイオードを直列に接続したシングルシリーズ型で作製された。波長は 94 GHz で約 3 mm と非常に短いため、小さな製造誤差が RF-DC 変換効率に大きく影響する。そのため、回路パターンの作製には半導体微細加工技術を使用して製造された。この半導体微細加工による回路パターンの作製プロセスは大きく 2 つの方法に分けられる。1 つ目の方法は、Si 基板上に金属を導体としてスパッタリングした後に、フォトリソグラフィー技術を用いて回路パターンを描画し、その後エッチングを行って必要な回路パターンのみを残して作製する。この手順は高精度なパターンを直接作製することが可能であるが、適用できる基板が半導体プロセスの設備が適用できる Si 等のウエハに原則限られてしまう。この 1 つ目のプロセスの詳細を図 7-6 に示す。

(1) Si ウエハ上に導体となる金属（ここでは Al）をスパッタリングまた

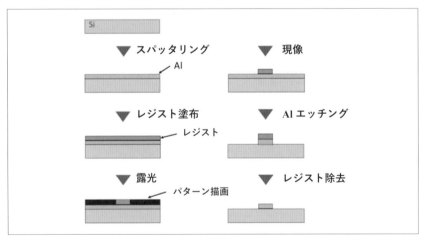

〔図 7-6〕半導体基板上にパターンを直接作成する微細加工プロセス

は蒸着する（この際、金属の厚みは表皮深さを考慮）
(2) 感光性レジストを塗布
(3) リソグラフィ装置を用いて回路パターンを描画する
(4) TMAH（テトラメチルアンモニウムヒドロキシド）で現像
(5) レジストを剥離
(6) 混酸アルミニウム液を用いて露出したAlをウエットエッチング
(7) Alのみが残り、回路パターンが完成
(8) 洗浄後にダイシングで必要なパターンのみを取り出し

　2つ目の方法は、回路パターンのメタルマスクを用いる方法であり、メタルマスクは回路パターンそのものをSi基板ごとエッチングにより除去して作成される。このメタルマスクをテフロン基板に被せて、金属導体をスパッタリングすることで回路パターンが作製される。この方法は、Siウエハ以外のテフロン基板等の低誘電体基板上でも金属のスパッタリングや蒸着で回路パターンを作製できる利点がある。このプロセスの詳細を図7-7に示す。

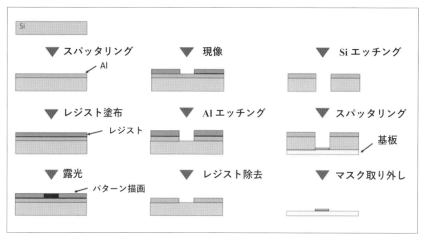

〔図7-7〕メタルマスクを作製し誘電体基板上にパターンを転写して作成する方法

(1) Si ウェハ上に導体となる金属（ここでは Al）をスパッタリングまたは蒸着する（この際、金属の厚みは表皮深さを考慮）
(2) 感光性レジストを塗布
(3) リソグラフィ装置を用いて回路パターンを描画する
(4) TMAH（テトラメチルアンモニウムヒドロキシド）で現像
(5) レジストを剥離
(6) 混酸アルミニウム液を用いて露出した Al をウエットエッチング
(7) シリコンの深掘りが可能なエッチング装置により Si 基板そのものを完全にエッチングしシリコンマスクが完成
(8) 誘電体基板をシリコンマスクで覆い、Al をスパッタリングまたは蒸着

　94 GHz アンテナとレクテナの構造を図 7-8 に示す。アンテナおよび整流回路の設計には、Keysight 社が提供する EMPro および ADS の電磁界シミュレータを使用した。アンテナと整流回路はそれぞれインピーダンスが整合されるように設計され、レクテナとして組み合わせた際に、お互いのインピーダンスが一致されて結合されている。94 GHz 整流回路は、上述における 2 つ目の微細加工プロセスを用いて、Si のメタルマスクを使用して PTFE（ポリテトラフルオロエチレン）基板上に Al 蒸着によってアンテナと整流回路のパターンが作製された。PTFE 基板（NPC-F220A、日本ピラー工業）は 比誘電率 2.17 という非常に低い誘電率の基板を用いて高周波帯での誘電損失をなるべく低減している。使用した市販の GaAs ショットキーバリアダイオード（MA4E1310、Macom）は、W バンドでの整流に適用しており、高いブレークダウン電圧と低

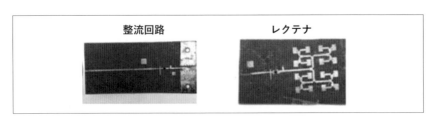

〔図 7-8〕94 GHz 帯の整流回路とレクテナの写真

い直列抵抗と接合容量を備えており、94 GHz帯で比較的大電力かつ高いRF-DC変換効率を得ることが期待できる素子である。ダイオードと整流回路の接続には導電性銀ペーストを使用し、フリップチップボンダーを使用して、ダイオードを回路に押し付けながら熱を加えることで電気的に接合した。整流回路の構成はダイオードを1つ直列に配置したシングルシリーズ型のパターンを用いた。入力側の整合回路には、ダイオードに2次高調波を再印加するためのノッチフィルタの役割を持つオープンスタブを適用している。出力側にも同様のノッチフィルタのオープンスタブを適用しており、こちらは基本波をダイオードに再印加することで高効率化を図っている。整流回路の測定は、マイクロストリップラインの伝送モードを導波管モードに変換するフィンラインと呼ばれるモード変換回路を金属の固定治具に挟み込むことによって測定を行った[23]。フィンラインの構造とモード変換の原理を図7-9に示す。アンテナはパッチアンテナを4×4の計16個のアレーアンテナとし、フィンラインでの変換を介してアンテナ単体の反射測定と放射パターンの測定を実施し、その結果を図7-10に示す。実験のセットアップを図7-11に示し、測定結果を図7-12に示す。発振源から送信される94 GHzのRF電力はホーンアンテナと集光レンズを用いてレクテナに照射され、

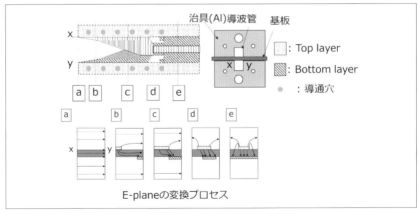

〔図7-9〕フィンラインによる導波管-マイクロストリップライン変換の原理図

7章 未来のワイヤレス給電

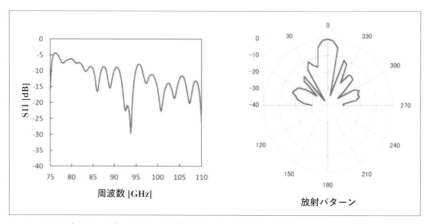

〔図7-10〕94 GHz 帯のアンテナの S_{11} と放射パターン

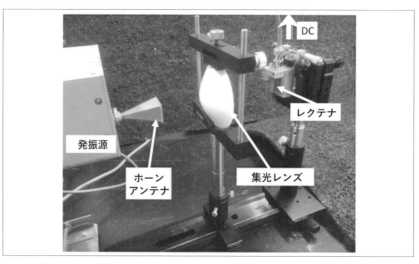

〔図7-11〕94 GHz 帯レクテナによるワイヤレス給電実験の実験系

整流された DC 電圧は負荷抵抗 130 Ω の両端にオシロスコープのプローブを当てて計測した。測定結果は、最大の RF-DC 変換効率が 38 %、DC 出力電力は 39 mW を記録した。

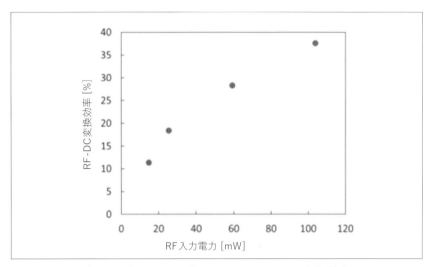

〔図7-12〕94 GHz帯レクテナのRF-DC変換効率

303 GHzレクテナの開発

　先行研究におけるマイクロ波ワイヤレス給電ではマイクロ波の最高送信周波数が94 GHzまでであった。しかし、高周波化によるビーム効率の上昇と小型化によるアプリケーションへの適用範囲拡大、さらにはBeyond5G（110 GHz帯）の将来的な導入など、サブテラヘルツ帯（100 GHz〜700 GHz）でのワイヤレス給電の実証実験が必要不可欠である。ワイヤレス給電実験を行うためには、遠方界以上の距離においてレクテナにマイクロ波を照射し、アンテナで受信した電力が整流回路のダイオードのON電圧以上にならないとDC電力が得ることができない。そのためこの周波数帯における大電力発信源がワイヤレス給電実験の実現のためには必要であり、入手が容易な半導体発振源やマグネトロンなどがサブテラヘルツ帯で存在しないことから、今まで実験が行われてこなかった。そこでサブテラヘルツ帯で唯一、1 kW以上の出力が可能な発振源であるジャイロトロンに着目し、高周波ジャイロトロンの開発に強みを持つ福井大学遠赤外領域開発研究センターと協力のもと、世界最高周波数303 GHzにおいてワイヤレス給電実験を実施した[6]。

❀ 7章　未来のワイヤレス給電

　303 GHz レクテナの構成は、伝送線路にマイクロストリップライン（MSL: Microstrip Line）を使用し、アンテナにはパッチアンテナ、整流回路はダイオードを 1 つ並列に接続するシングルシャント型で構成し、出力側のフィルタにノッチフィルタを適用したものとローパスフィルタを適用したものの 2 パターン作製した。誘電体基板には NPC-F220A（日本ピラー工業）を使用し、整流用のダイオードには MA4E1310（MACOM）を使用した。アンテナと整流回路の設計には電磁界シミュレータの ADS、EMPro（Keysight）による有限要素法解析を用いた。

　RF-DC 変換効率を正確に評価するためには整流回路への入力 RF 電力を見積もる必要があり、アンテナの反射および利得測定が必要である。一般的な同軸ケーブルで測定できる周波数限界は 110 GHz までであり、それ以上の周波数帯の測定には導波管が用いられる。そのため、303 GHz 帯での MSL 上のパッチアンテナの測定には MSL と導波管の変換回路であるフィンライン [23] をパッチアンテナに統合したフィンラインアンテナを製作し、ネットワークアナライザを用いてアンテナの反射と利得を測定した。利得測定には利得が未知な同一形状のアンテナを 3 つ用意することでそれぞれ未知の利得を測定することができる 3 アンテナ法を用いた。実際のレクテナにはフィンラインが搭載されていないことから、測定したフィンラインアンテナからフィンラインの透過効率を差し引いた分をアンテナ利得として RF 入力電力の計算を行った。測定の結果、フィンラインアンテナの反射係数（S_{11}）は -18.7 dB であり、フィンラインアンテナの利得は 3.97dBi であった。フィンライン単体の透過効率は -4.35dBi が得られ、この損失分を差し引くことにより実際のアンテナ単体の利得として 8.32dBi が得られた。作製したフィンラインアンテナとその測定結果を図 7-13、図 7-14 にそれぞれ示す。また、作製したレクテナの写真と寸法を図 7-15、図 7-16 にそれぞれ示す。

　303 GHz ワイヤレス給電実験おける大電力発振源として福井大学遠赤外領域開発研究センターの 303 GHz ジャイロトロン [24][25] を使用した。ワイヤレス給電の実験系を図 7-17 に示す。303 GHz のビーム出力はあらかじめ水の温度上昇により推定し、本実験では 33.4 kW に固定した。

レクテナはミラーを介してジャイロトロンから3m離れた地点に設置した。レクテナは導線を介して負荷抵抗とオシロスコープに接続されており、DC出力電力の評価を行った。また、レクテナは光学レールに搭載されており、事前にIRカメラを用いて3m地点でのビームプロファイル（図7-18）を得ることで、レクテナをビームの外側から中心に近づけた際のレクテナの受電電力の変化を推定し、この時のDC出力電力の変化からRF-DC変換効率を評価した。

303GHzでのワイヤレス給電実験の結果を図7-19に示す。図から入

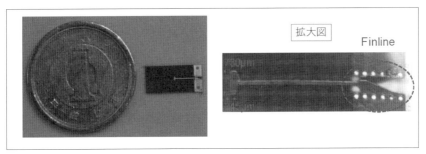

〔図7-13〕303 GHz帯アンテナの写真

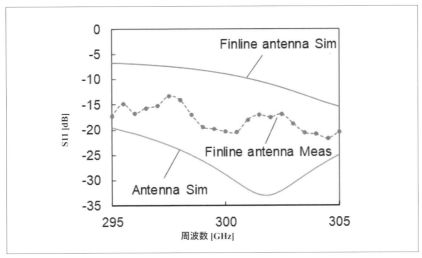

〔図7-14〕303 GHz帯アンテナの解析と測定結果

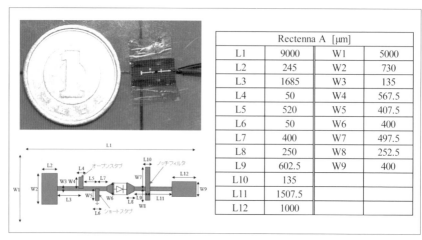

〔図7-15〕303 GHz帯ノッチフィルタ型レクテナの写真と寸法（RectennaA）

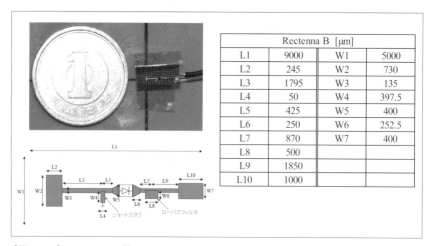

〔図7-16〕303 GHz帯ローパスフィルタ型レクテナの写真と寸法（RectennaB）

力電力が大きくなるにしたがってダイオードが立ち上がるためRF-DC変換効率は向上するが、入力が大きくなりすぎると逆にダイオードがブレークダウンを起こして効率が低下する。また、DC出力電力に関してもダイオードが完全故障する直前で最大の電力を得ることができるため、本結果においてもその傾向を確認することができた。ノッチフィル

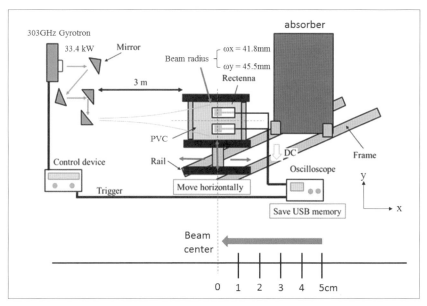

〔図7-17〕303 GHzジャイロトロンを用いたワイヤレス給電の実験系

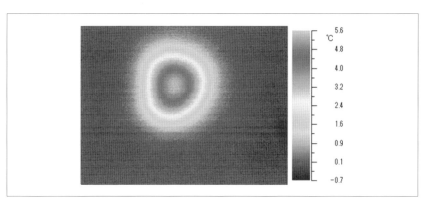

〔図7-18〕3m地点でのビームプロファイル

タ搭載型レクテナが入力電力342 mW、負荷抵抗130 Ωの時に最大RF-DC変換効率2.17 %を記録した。また、ローパスフィルタ搭載型レクテナが負荷抵抗200 Ωの時に最大DC出力電力17.1 mW、最大レクテナ電力密度3.43 kW/m^{2}を記録した。本実験により、先行研究では実績

7章 未来のワイヤレス給電

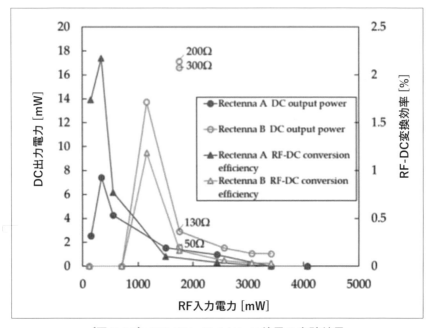

〔図7-19〕303 GHz ワイヤレス給電の実験結果

のない最高周波数 303 GHz での無線電力伝送に成功し、レクテナ電力密度も最高値を記録した。

MIMダイオードによる光レクテナと高周波エネルギーハーベスティング
・高周波帯における整流ダイオード

　マイクロ波ワイヤレス給電における整流ダイオードとして一般的に用いられている GaAs ショットキーバリアダイオードはキャリアの移動度が高いためマイクロ波回路に広く用いられている。より高周波帯かつ大電力化に特化した整流ダイオードとして GaN やダイヤモンドを用いたダイオードの開発が行われている。これらは従来の Si や GaAs と比較してバンドギャップが広く絶縁破壊電界が大きいため、マイクロ波帯での大電力整流用途として期待されている。先行研究においては、徳島大学がレクテナ用整流ダイオードとして GaN ダイオードの開発を行ってお

り [26]、本研究室でもサブテラヘルツ帯に対応した GaN SBD の開発を行っている [27]。さらに、佐賀大学がダイヤモンド用いたダイオードの研究を行っており [28]、ダイヤモンドは GaN よりもさらに大電力用途の整流が可能であると考えられ、注目されている。

しかし、半導体起因のダイオードでは整流可能な周波数帯に限界があることが知られている（3 章の図 3-5 を参照）。ダイオードが整流可能な周波数の限界（カットオフ周波数）はダイオードの直列抵抗 R と接合容量 C の RC 時定数、絶縁破壊電界、ブレークダウン電圧、電子移動度などにより決定される。絶縁破壊電界と電子移動度は半導体特有の物性値であるため、RC 時定数とブレークダウン電圧によりカットオフ周波数の設定が可能であるが、この 2 つはトレードオフの関係にあるため、デバイスの厚さやサイズにより最大限 RC 時定数を小さくして、高周波帯での RF-DC 変換効率を高くできても、DC 出力電力は低下してしまう。さらに、SBD での整流可能な周波数は最大でも遠赤外領域までであると知られている [29]。

そこで、テラヘルツ帯および可視光領域まで整流が可能な新しいダイオードとして MIM（金属－絶縁体－金属）ダイオードが提案されている [30]。これは量子トンネル効果を用いたトンネルダイオードであり、電子移動度は電子のトンネル時間であるため数フェムト秒程度の超高速スイッチングが可能であり、可視光帯の整流を可能にする。さらに、ON 電圧の調整が可能なため、μW、nW 級の超低電力入力においても整流が可能であり、実際にジョージア工科大学が MIM ダイオードを搭載した光レクテナにより数 mV の起電力の取得に成功している [31]。近年は MIM ダイオードの整流特性の向上のために、異なる仕事関数の金属電極を用いる [32]、絶縁層を多層にする [33][34]、電極の幾何形状を変化させる [35] などの取り組みが行われており、MIM ダイオードの性能向上は 5G、Beyond5G を用いたエネルギーハーベスティング技術の実用化に大きく前進する。さらに、高周波化によるレクテナの小型化かつ高いレクテナ電力密度を活かすことにより、センサやウェアラブル機器などの小型電子デバイスへのワイヤレス給電による IoT への応用が期待されている。

7章　未来のワイヤレス給電

・MIM ダイオードの動作原理

MIM（Metal-Insulator-Metal）ダイオードは金属電極間に 10 nm 以下の極薄の絶縁層を挟み込み、電極間にバイアスを印加した際に量子トンネル効果によりトンネル電流が流れること利用したトンネルダイオードである。トンネル効果を使用しているため電子の移動度は数フェムト秒と半導体と比較して非常に高速な動作が可能である。そのため可視光領域の整流が可能であり、光レクテナとしての応用が期待されている。図 7-20 に MIM ダイオードの構成と整流動作原理を示す。

MIM ダイオードにバイアスを印加した際に流れるトンネル電流 $I_{(V)}$ はシュレーディンガー方程式から、WKB 近似を用いて電子のトンネル確率 $T_{(E)}$ により記載することができる [36]。

$$I_{(V)} = \frac{4\pi me}{h^3} \int_0^\infty T_{(E)} \{f_{L(E)} - f_{R(E+eV)}\} dE \quad \cdots\cdots\cdots\cdots \quad (7\text{-}1)$$

$$T_{(E)} \approx exp\left(-\frac{2}{h}\int_a^b \sqrt{2m(V_{(x)} - E)} dx\right) \quad \cdots\cdots\cdots\cdots \quad (7\text{-}2)$$

ここで、h はプランク定数、m は電子の質量、e は電荷素量、$f_{L(E)}$ と $f_{R(E+eV)}$ はそれぞれ図における左側の金属のフェルミ準位と右側の金属のフェルミ準位、$V_{(x)}$ は絶縁層のエネルギー障壁の高さ、a-b は図 7-20 におけるバイアス印加時の実効トンネル距離を表す。

図 7-20 において結合前の異なる金属の仕事関数と絶縁層の電子親和力は物理的に接合されるとフェルミ準位が一致するように結合されるため、金属の仕事関数に差がある場合や内部絶縁層間にエネルギー障壁が存在する場合は、その差の分だけ内部に電界がかかった状態になる。さらにバイアスを印加するとバイアスの大きさに応じて電子から見た実効的なトンネル距離 (a-b) が減少し、式 (7-2) におけるトンネル確率が上昇するため大きなトンネル電流が流れるようになる。この原理により、金属電極の仕事関数の差が大きいほど、電流－電圧特性の非対称性が上がり、絶縁層の電子親和力の大きさや厚さにより、抵抗値や動作点 (立ち上がり、ブレークダウン) などを任意に設定することができると考えられている。

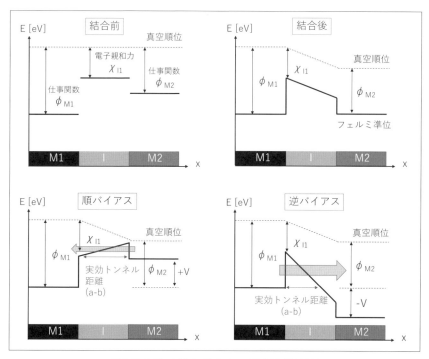

〔図7-20〕MIMダイオードの整流原理

　MIMダイオードの性能をここでは周波数特性と整流特性に分類する。周波数特性は半導体ダイオードと同様にRC時定数に依存し、等価回路として直列抵抗Rと接合容量Cの並列回路とみなすことができる。また、MIMダイオードの接合容量は平行平板のコンデンサと等価であるため、カットオフ周波数fと接合容量Cの関係式は式(7-3)(7-4)で表すことができる。

$$f_c = \frac{1}{2\pi RC} \quad \cdots\cdots\cdots\cdots\cdots\cdots\cdots\cdots\cdots\cdots\cdots\cdots\cdots (7\text{-}3)$$

$$C = \varepsilon_0 \varepsilon_r \frac{A}{d} \quad \cdots\cdots\cdots\cdots\cdots\cdots\cdots\cdots\cdots\cdots\cdots\cdots\cdots (7\text{-}4)$$

　ここで、ε_0は真空の誘電率、ε_rは絶縁体の比誘電率、dは絶縁層の厚さ、Aは極板面積である。

❀ 7章　未来のワイヤレス給電

　上式よりテラヘルツ帯で MIM ダイオードを用いるためには RC 時定数を限りなく小さくする必要がある。直列抵抗 R は整合のためにアンテナのインピーダンスと一致させる必要があるので値は一定であると仮定し、絶縁層厚さ d もトンネル現象を起こすため増加させることはできない。そのため、極板面積 A を nm オーダーまで小さくする必要がある。nm オーダーの電極パターンの加工は電子ビーム、イオンビーム、X 線などによるリソグラフィプロセスにより実現が可能である。

　整流特性は MIM ダイオードの電流−電圧特性（I-V 曲線）から種々のパラメータを算出することにより評価される。MIM ダイオードに交流電圧 V_{AC} が印加された場合に整流して得られる直流電圧 V_{DC} と直流電流 I_{DC} には以下の式 (7-5)(7-6) の関係が存在する [37]。

$$V_{DC} = \frac{1}{4} \cdot \frac{I''(V_{BIAS})}{I'(V_{BIAS})} \cdot V_{AC}^2 = \frac{1}{4} \cdot S \cdot V_{AC}^2 \quad\cdots\cdots\cdots\cdots\cdots\quad (7\text{-}5)$$

$$I_{DC} = \frac{1}{4} \cdot I''(V_{BIAS}) \cdot V_{AC}^2 \quad\cdots\cdots\cdots\cdots\cdots\cdots\cdots\cdots\quad (7\text{-}6)$$

　ここで、$I'(V_{BIAS})$ と $I''(V_{BIAS})$ は I-V 曲線におけるあるバイアス電圧 V_{BIAS} 地点での 1 階と 2 階の導関数である。MIM ダイオードのパラメータとして S（sensitivity: 感度）、I''（curvature: 曲率）、Rd（differential resistance: 微分抵抗）、NL（nonlinearity: 非線形性）、の関係として以下の式 (7-7)(7-8)(7-9)(7-10) が成り立つ。

$$S = \frac{I''(V_{BIAS})}{I'(V_{BIAS})} = I'' \cdot R_d \quad\cdots\cdots\cdots\cdots\cdots\cdots\cdots\quad (7\text{-}7)$$

$$I'' = \frac{d^2 I}{dV^2} \quad\cdots\cdots\cdots\cdots\cdots\cdots\cdots\cdots\cdots\cdots\cdots\quad (7\text{-}8)$$

$$R_d = \frac{1}{I'(V_{BIAS})} = \frac{1}{\dfrac{dI}{dV}} \quad\cdots\cdots\cdots\cdots\cdots\cdots\quad (7\text{-}9)$$

$$NL = \left(\frac{dI}{dV} \middle/ \frac{I}{V} \right) \quad\cdots\cdots\cdots\cdots\cdots\cdots\cdots\quad (7\text{-}10)$$

上式から、MIM ダイオードの整流特性を向上させるためには I-V 曲線における曲率 I'' と微分抵抗 R_d を大きくし、感度 S を増加させる必要がある。しかし、微分抵抗に関しては電流量を増大とアンテナとのインピーダンスと整合を考える必要があるため、低い方が望ましいとされている。

　別のパラメータとして整流可能な電圧の範囲の指標を表す I-V 曲線の順バイアスと逆バイアスの非対称性 A_s が定義できる。絶対値が等しいバイアス地点における順方向電流 I_F と逆方向電流 I_R の比で定義することができ、以下の式 (7-11) で表される。

$$A_s = \left| \frac{I_F}{I_R} \right| \quad \cdots\cdots\cdots\cdots\cdots\cdots\cdots\cdots\cdots\cdots\cdots\cdots\cdots\cdots\cdots\cdots\cdots \quad (7\text{-}11)$$

この非対称性が大きいバイアス範囲であれば、一方向にしか電流を流さない理想的なダイオードの整流動作を行うことが可能である。

　これらの感度 S、曲率 I''、微分抵抗 R_d、非線形性 NL、非対称性 A_s を向上させるために、過去に多くの研究が行われており、以下の先行研究による性能の向上が確認されている。

①仕事関数の差の大きい異なる金属電極を用いる [32]
②絶縁層を異種多層にすることで共鳴トンネル効果を発生させる [33] [34]
③片方の電極の幾何形状を変化させ電界集中を起こす [35]

　①に関しては仕事関数の差の大きい金属電極を用いることで、同じ金属電極を用いた場合と比較してゼロバイアス時に内部電界が発生するため、I-V 曲線の非対称性が向上する。②に関しては絶縁層を多層にすることで、異なる絶縁層のエネルギー障壁の境界にポテンシャル井戸が生じるため、通常の直接トンネリングに加えてポテンシャル井戸による共鳴トンネリングが発生する。また、低いエネルギー障壁（電子親和力が大きい）の絶縁層と高いエネルギー障壁（電子親和力が低い）の絶縁層を組み合わせることにより、低いエネルギー障壁から高いエネルギー障壁にトンネルをする際に実効トンネル距離が見かけ上短くなりトンネル

❀ 7章　未来のワイヤレス給電

効果が増強される現象（欠陥増強直接トンネリング：Defect enhanced direct tunneling）が生じる [34]。これにより非対称性と整流特性の大幅な向上が観測されている。③に関しては片方の電極を電界集中が起こりやすい形状にすることによりトンネル確率が向上し、トンネル抵抗を小さくすると同時に非線形性もしくは曲率を大きくする効果が観測されている。

　MIM ダイオードをレクテナと統合するには、MIM ダイオードのインピーダンスとアンテナのインピーダンスを一致させて整合を取る必要がある。アンテナには③の幾何形状を統合しやすいボウタイアンテナが最適であると考えられており、先行研究においてボウタイアンテナとMIM ダイオードを統合したレクテナによるワイヤレス給電実験が実際に行われている [38-41]。RF-DC 変換効率を向上させるためには、MIM ダイオードの S パラメータを測定する必要があり過去に GSG プローブを用いて測定が行われている [42]。ゆえに、MIM ダイオードをレクテナと統合し高い性能を発揮するためには、MIM ダイオード単体の周波数特性と整流特性を向上させ、インピーダンスマッチングを考慮してアンテナと統合する必要がある。

・MIM レクテナの先行研究

　MIM ダイオードを実際にレクテナもしくは整流回路に適用した研究例が近年注目を集めている。MIM における、金属と絶縁体の種類、構造、面積、厚さ、アンテナとの結合など様々な種類の研究がすすめられ、レビュー論文としてまとめられたものも散見される [43]。ここでは実際にMIM ダイオードを可視光領域、または RF 帯で実際に作製、実験もしくは解析された論文をいくつか紹介する。

　図 7-21 に MIM ダイオードを搭載したレクテナを用いて実際に RF から整流した DC 電圧を観測した先行研究を示す。また、表 7-2 に先行研究の詳細を記載する。Khan らは 2.45GHz 帯において、MIM ダイオードの表面粗さの影響と実際に GSG プローブを用いて MIM ダイオードの S パラメータ測定を行い。実際に RF 入力をした際の DC 電圧を取得した

– 204 –

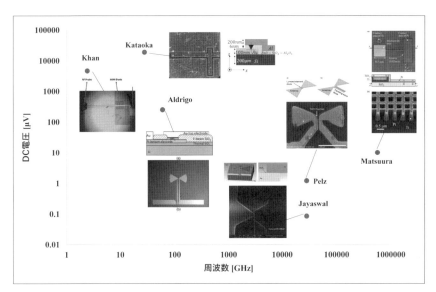

〔図7-21〕MIMダイオード搭載回路でのRF-DC変換測定の先行研究 [39]-[42],[44]

〔表7-2〕MIMダイオード搭載RF-DC回路の先行研究の詳細

参考文献	A.A.Khan [42]	Y.Kataoka	M.Aldrigo [39]	G. Jayaswal [40]	B. Pelz [41]	D.Matsuura [44]
投稿年	2017	2024	2018	2018	2019	2022
周波数	2.45GHz	28GHz	60GHz	28.3THz	28.3THz	564THz
ベース基板	Si/SiO_2	Higi-Resistivity Si	Si/SiO_2	Si/SiO_2	Si/Si_2	SiO_2
回路構成	整流回路単体	整流回路単体(F級)	ボウタイアンテナ+MIMダイオード	ボウタイアンテナ+MIMダイオード	ボウタイアンテナ+MIMダイオード	空洞共振器+MIMダイオード
MIMダイオードの構成	Pt/ZnO/Ti	Au/ZnO-SiO_2-Al_2O_3/Al	$Au/HfO_2/Pt$	$Au/Al_2O_3/Ti$	Ni/NiO-$Nb_2O_5/Cr/Au$	Ti/TiO_2-$TiO(2-x)/Pt$
絶縁層厚さ	4 nm	2-2-2 nm	6 nm	1.5 nm	~3 nm/ ~2 nm	3 nm-2 nm
MIM 面積	90000 μm^2	1000 μm^2	4 μm^2	200 nm	115nm	N/A
DC整流電圧	4.7 mV	19 mV	0.25 mV	85 nV	1.2 μV	~10 μV
DC整流電力	221 pW	1.81 nW	12 pW	1.79×10^{-20} W	3.84×10^{-15} W	N/A
負荷抵抗	100 kΩ	1 MΩ	1.2 kΩ	98 kΩ(ダイオード抵抗)	380 Ω	N/A

❀ 7章　未来のワイヤレス給電

[42]。筑波大学の片岡らは、仕事関数の差の大きい異種金属電極と、種々のトンネル増強効果が起こりやすいエネルギー障壁を構成する3種の異種絶縁層を組み合わせた高性能な多層 MIIIM ダイオードを開発し、実際に 28GHz 帯で整流回路に統合して高い DC 電力を取得している。Aldrigo[39] らは HfO_2 を用いた低い微分抵抗の MIM ダイオードをボウタイアンテナと一体化にしたレクテナを作製し 60GHz での整流動作特性を評価した。Jayaswal[40] らは異なる仕事関数の金属電極のボウタイアンテナに Al_2O_3 挟んだ MIM ダイオードレクテナを作製し、CO_2 レーザー（28.3THz）でのゼロバイアス整流動作を世界で初めて実証した。Pelz[41] らはボウタイアンテナの伝送線路上に連続的に作製した MIM ダイオードにより 28.3THz での動作に成功している。東北大学の松浦[44] らは原子層体積装置（ALD: Atomic Layer Deposition）による TiO_2 酸化膜と、自然酸化により作成した TiO_{2-x} を組み合わせることで高性能な MIM ダイオードを開発し、空洞共振器構造と MIM ダイオードを組み合わせることで、実際に可視光帯の光と電力の変換を観測している。

　超高周波でのワイヤレス給電の行きつく先は、MIM ダイオードを組み合わせた微小なレクテナを敷き詰めることで、空間中の RF 電力、テラヘルツ波、可視光などを自動的に受電して、その微小整流電力でセンサアプリケーションを駆動するような、ナノセンシング＆バッテリーレス IoT 社会の実現であると考えている。世の中のあらゆるものに超小型のレクテナ駆動センサを組み込み、勝手にデータを収集＆活用して、我々の生活を豊かにするような世界の実現もそう遠くはないのかもしれない。

7.2 大電力ワイヤレス給電

7.2.1 大電力ワイヤレス給電で用いる発振源

　さて、ここに至るまでに送電側から受電側、また飛行デモンストレーションの実験に関して楽しんでいただけただろうか。前章では超高周波数でのワイヤレス給電という微小回路の話であった。本章では、それとは逆に、大電力密度のワイヤレス給電に関する話題を軽く提供したいと思う。すなわち、極少量の回路によって大電力を回収し、大型の電動アプリケーションを給電するというような話である。

　しかし大電力のワイヤレス給電といっても、1.1 節でも述べたように、アンテナや整流回路以外でまず必要となるのは、それらの性能を評価するためのマイクロ波発振源となる。一口にマイクロ波発振源と言っても、特に低周波帯において開発が進められ、近年では比較的安価で手に入れられる DRO 発振源のような半導体発振源から、高周波帯での大電力発振源やアンプとしてジャイロトロンや進行波管（Traveling Wave Tube, TWT）などの国内でも限られた機関が保持しているような、高価な真空管型発振源が存在する。そのため、大電力密度のワイヤレス給電を行いたいと考えた際には、特にビームの直進性に優れている高周波帯ではその選択肢が限られてきてしまう。

　先行研究において 94 GHz 帯以上の周波数でのワイヤレス給電実験が行われていない要因として、周波数が上がると共に送信側の発振源の出力が大きく低下することが挙げられる。図 7-22 は代表的な真空管型発振器の一つ当たりの出力と周波数の関係に関して、市販の物と研究開発段階の物を併せて示したグラフである。マイクロ波ワイヤレス給電実験を実施するためには、遠方界と呼ばれる電波を平面波として取り扱うことができる距離において、レクテナの整流用ダイオードの ON 電圧以上の RF 電力を供給する必要がある。そのため、数 W から伝送距離と対象アプリケーションによっては数 MW 級の大電力発振源が必要になり、

- 207 -

❊ 7章　未来のワイヤレス給電

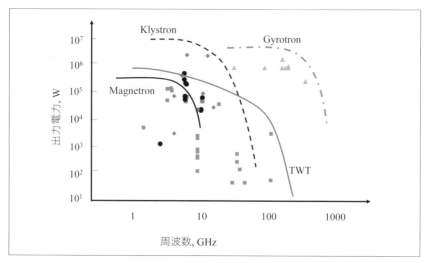

〔図7-22〕市販と開発途中の真空管デバイスの周波数と出力の関係

　低周波帯では半導体（GaAs FET，GaN HEMT）や真空管（マグネトロン、クライストロン、TWT）の発振源及びアンプが比較的安価に入手できるのに対し、周波数が高くなるにつれ、発振器出力は低下する傾向が確認できる。高い周波数ほど大電力の発振できる発振源を確保することが困難であることが見て取れる。特にサブテラヘルツ帯に差し掛かってくると、発振器の出力が急激に低下するが、唯一核融合分野で用いられているジャイロトロンは、高い出力電力でマイクロ波を発生させることが可能だと分かる。更に、ジャイロトロンの発振出力と発振周波数は年々発展しており、ワイヤレス給電の大電力発振源として期待されている。

　このような発振源の動作周波数及び出力可能電力を考慮して、適切な大電力ワイヤレス給電の発振源を決定する必要がある。それぞれの代表的なマイクロ波増幅発振管に関する特徴を簡単に表7-3にまとめた。

　マグネトロン、クライストロン、TWTの発振源及びアンプが比較的安価かつ簡単に作成・入手できるのに対し、高周波帯とりわけ100 GHz以上の高周波数帯ではジャイロトロンしかkW単位での発振源は存在しない。ジャイロトロンは主にプラズマ核融合の分野で用いられており、

〔表 7-3〕高周波増幅発振管の簡単な特徴

	効率	RF 作用領域	電子の運動	特徴
TWT	50%	退波回路 （螺旋、空洞型）	密度変調 （位相バンチング）	広帯域
マグネトロン （マイクロ波）	高効率	分割陽極 E: 円周、B: 貫き	サイクロトロン運動、 ExB ドリフト （回転して陰極へ）	冷却、フィラメン ト電流制御により 安定化が必要
クライストロン	60-70%	空隙	速度＋密度変調 （軸方向バンチング）	高利得・高出力
ジャイロトロン （ミリ、サブミリ）	約 60%	空洞共振器	サイクロトロン共鳴 メーザー（CRM）	高周波・高出力相 対論効果

　その発振出力と出力周波数は年々向上しておりワイヤレス給電の大電力発振源として期待されている。

　マグネトロンは、手にいれること自体は容易であり、つまり電子レンジで用いられている部品であるから安価なものが多く web 上に存在する。特に電子レンジと同じ周波数である 2.45 GHz は非常に安価で研究が進んでいる。その倍波である 5.8 GHz も研究が進んでいる。しかし、マグネトロンは安価に手にいれることは可能だが、その発振スペクトルまで整えようとすると冷却や直流電源の質を考慮する必要がある。また、周波数に関しても注入同期法を用いるなどして想定する周波数に持っていく必要がある。

　TWT は古くから研究が盛んに行われている真空管である。18-46 GHz の周波数帯域を持ちピーク電力 1 kW, 平均電力 500 W のヘリックス型 TWT や、中心周波数 34 GHz ピーク電力 10 kW の共振器結合型 TWT [45][46]、中心周波数 34 GHz にピーク出力電力 700 W[47] といったミリ波帯や、200 GHz の最大出力電力 107 W などといったテラヘルツ帯では folded-waveguide 型が採用されるなど動作周波数帯に合わせて多くの遅波回路構造が研究されてきた [48][49]。近年は gyro-TWT の台頭により大電力化が進み周波数 96 GHz の平均出力電力 100 kW での発振に成功している。基本波の円形導波管モードを持った gyro-TWT は、高負荷の相互回路を用いて反射による発振を含んだすべての寄生モードの抑制が可能であり、高利得動作が可能と実証されている [50][51]。

❀ 7章　未来のワイヤレス給電

　ジャイロトロンは空胴共振器内部でサイクロトロン共鳴による電子と電場との電力交換を行うことによって発振している。核融合やプラズマ加熱分野で利用されており、近年の研究により THz 帯まで発振が可能となり、さらに MW 発振を行うなど、大電力高周波発振を安定に発振するに向けて盛んに研究が行われている [52]。しかし、その複雑な機構から、ジャイロトロンを所有している機関は世界でも少数であり、主にドイツ、IAP-RAS（ロシア）、MIT・CPI Palo Alto（アメリカ）、シドニー大学（オーストラリア）、福井大学 FIR FU・筑波大学プラズマ研究センター（日本）が中心となって研究開発を進めている。更に、THz 帯といった高周波帯での発振や、MW レベルの大電力発振が可能なジャイロトロンは現在研究黎明期にあり、しかし高価かつ複雑な機構であることから現存数自体が希少なものとなっている。

　マグネトロンやジャイロトロンなどの大電力出力が可能な真空管は、発振周波数や位相、周波数帯域にそれぞれ特徴を持つ。例えばマグネトロンでは、安定作動のために冷却やフィラメント電流制御が必須となってくるが、それらの制御により発振周波数の狭帯域化が行われ、Q 値が 8200 から 120000 まで改善されたという報告がある。また、真空管は参照信号を入射することで所望の周波数に変調する技術である注入同期法を用いて中心周波数を制御出来る。マグネトロンは、中心周波数 5 MHz 程度の差（0.1 % 程度）で周波数制御を行うことが可能であり、ジャイロトロンは中心周波数 28 GHz で 5 MHz（0.017 %）、W バンドでは 20 ～ 40 MHz（0.02 %）まで周波数制御が可能である [53][54]。

7.2.2　立体型の整流管

　これまでに紹介してきたように、半導体を用いた整流回路では単体の最適電力に限りがある。更にその電力は周波数が上がるほど小さくなってしまうといった特性を持つ（図 7-3）。これは整流回路に必須な半導体ダイオードの性能に依存するものであり、また高周波回路程損失が大きくなるといった原理的な特性である。そのため、第 1 章で紹介したよう

な大規模なワイヤレス給電を行う際には、数千個規模のレクテナのアレイ化が必要となっていた。そこで、電子加速技術を用いることで、大電力マイクロ波の整流を可能にしたデバイスが存在する。これらは、マイクロ波のエネルギーを電子ビームに与え、最終的に負荷での電流と印加したコレクター電位と加速電源の差の積として直流電力を取り出すことで、マイクロ波直流変換を行なっている。

Cyclotron wave converter（CWC）は大電力整流が可能なデバイスとしてWatsonらによって提唱された代表的な整流管である。実はこの整流管は新しいデバイスではなく、むしろ1970年代に提唱された真空管の研究が盛んに行われていた時代のデバイスである。CWCの構成図を図7-23に示す。CWCを構成するものとして、直流高圧電源、電子銃、本体部分、永久磁石、負荷抵抗が必要。電源は電子銃のカソードから熱電子を引き出すためのヒーター電源と、電子加速用電源に使われる。本体部分は電子のエネルギー授受の様子から3つの領域に分けて考えられ、共振器、運動方向変換領域、コレクターから成り立つ。

共振器内では、外部の永久磁石による軸方向の静磁場と、入射マイクロ波によって励起される垂直方向マイクロ波がある。電子銃からの軸方向速度が強い電子ビームが挿入されると、電子と電場でサイクロトロン共鳴を起こし、電場のエネルギーが回転エネルギーとして電子に吸収さ

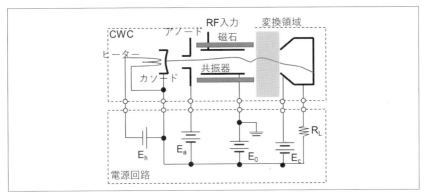

〔図7-23〕CWCの構成図

れる。この時、印加した磁場 B_0 に依存するサイクロトロン周波数 $f_c=eB_0/m$ と入射マイクロ波電磁界の周波数 f が一致する時に共鳴が生じる。そのため、CWC の動作周波数が高くなると必要磁場も大きくなる。

当時 Watson らは入力マイクロ波 1-1.5W に対して効率 56 % という実機製作測定結果を得た [55]。さらにその 20 年後には、Vanke らによる実機評価で 10 kW から 20 kW 入力電力に対して効率 60-80 % を達成した [56]。

近年になって、損失が少なく、かつ半導体ダイオード単体で未踏破である規模の大電力デバイスとして再び注目を浴びている。内部の電磁場電子相互作用を計算できる Particle-In-Cell 法を中心とした研究が主であり、周波数 2.45 GHz 入力電力 875 kW に共振器部分効率で 95% の変換が可能であるという結果が報告された [57]。また、マグネトロン及び CWC、パラボラを用いた 10 km のワイヤレス送電を想定した実験計画も報告され、想定で 8.5 kW の DC 出力電力、1 % のトータル DC-DC 効率が想定された [58]。

その他、マイクロ波電子管の一つである進行波管 traveling wave tube（TWT）を用いて、通常の DC-RF 変換動作ではなく、RF-DC 動作をシミュレーション計算し実証した結果が比較検証された。周波数は X バンドで、利得が 42 dB、総合効率が 35 % の進行波管を用いて、最大変換効率 43 %、出力電力 5.7 W を得た。Sugimori らは、ビーム電力やヒーター電力を含めた総合効率を 21 % と報告した。増幅管用進行波管を RF-DC 用に設計することや、大電力整流を行えば改善されるという。

理論的に kW 級の大電力入力に対して高効率で整流可能と言われており、これまで理論研究と実機評価が数件行われてきた。先行研究の入力電力と出力電力の関係を、実験値と数値解析の観点から図 7-24 にまとめた。

当時は SSPS 目的で周波数も低く、またすぐに半導体回路に研究の主流が移ってしまったため、CWC の研究は途絶えてしまった。しかし、近年再び数値解析研究が行われ、より高周波での活用や大電力用途に向けて注目を浴びている。この装置によって更にワイヤレス給電システム

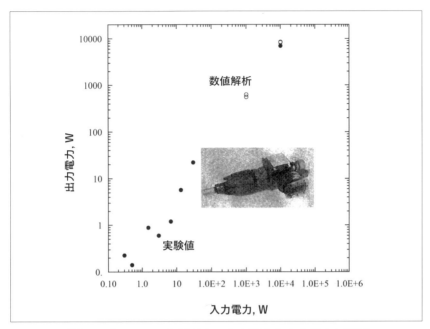

〔図7-24〕CWCの先行研究の入力電力と出力電力の関係

の適応可能領域が広がることを期待する。

参考文献

[1] N. Shinohara, "Beam Efficiency of Wireless Power Transmission via Radio Waves from short range to long range," Journal of the Korean institute of electromagnetic engineering and science, Vol. 10, No. 4, pp. 4–10, 2010.

[2] R. J. Trew, "SiC and GaN transistors—Is there one winner for microwave power applications?" Proc. IEEE, Vol. 90, No. 6, pp. 1032–1047, Jun. 2002.

[3] M. Thumm, "State-of-the-Art of High Power Gyro-Device and Free Electron Masers" KIT Scientific Reports 7735; KIT Scientific Publishing:

Karlsruhe, Germany, 2017, p. 7735.

[4] M. Suzuki, M. Matsukura, S. Mizojiri, K. Shimamura, S. Yokota, T. Kariya, R. Minami, "Consideration of long distance WPT using 28 GHz gyrotron," Space Sol. Power Syst., pp. 45–48, 2018. (In Japanese)

[5] K. Matsui, K. Fujiwara, Y. Okamoto, Y. Mita, H. Yamaoka, H. Koizumi, and K. Komurasaki, "Development of 94 GHz microstrip line rectenna," 2018 IEEE Wireless Power Transfer Conference (WPTC), Montreal, QC, Canada, pp. 1-4, 2019.

[6] S. Mizojiri, K. Shimamura, M. Fukunari, S. Minakawa, S. Yokota, Y. Yamaguchi, Y. Tatematsu, and T. Saito, "Subterahertz Wireless Power Transmission Using 303-GHz Rectenna and 300-kW-Class Gyrotron," IEEE Microw. Wirel. Components Lett. Vol. 28, pp. 834–836, 2018.

[7] W. C. Brown, "Electronic and mechanical improvement of the receiving terminal of a free-space microwave power transmission system," NASA STI/Recon, Tech. Rep. 40, Aug. 1977.

[8] A. Mugitani, N. Sakai; A. Hirono, K. Noguchi, and K. Itoh, "Harmonic Reaction Inductive Folded Dipole Antenna for Direct Connection With Rectifier Diodes," IEEE Access, Vol.10, 53433 – 53442, 13 May 2022.

[9] Y. H. Suh and K. Chang, "A high efficiency dual-frequency rectenna for 2.45- and 5.8-GHz wireless power transmission," IEEE Trans. Microw. Theory Tech., Vol. 50, pp. 1784–1789, 2002.

[10] X. Yang, J. Xu, D. Xu, and C. Xu, "X-band circularly polarized rectennas for microwave power transmission applications," J. Electron. (China), Vol. 25, 389, 2008.

[11] K. Hatano, N. Shinohara, T. Seki, and M. Kawashima, "Development of MMIC Rectenna at 24GHz," 2013 IEEE Radio and Wireless Symposium, 2013.

[12] A. Mavaddat, S. H. M. Armaki, and A. R. Erfanian, "Millimeter-Wave Energy Harvesting Using Microstrip Patch Antenna Array," IEEE Antennas Wirel. Propag. Lett., Vol. 14, pp. 515–518, 2015.

[13] M. Nariman, F. Shirinfar, S. Pamarti, A. Rofougaran, and F. D. Flaviis, "High efficiency Millimeter-Wave Energy-Harvesting Systems with Milliwatt-Level Output Power," IEEE Trans. Circuits Syst. Express Briefs, Vol. 64, pp. 605–609, 2017.

[14] J. Ye, C. Yang, and Y. Zhang, "Design and experiment of a rectenna array base on GaAs transistor for microwave power transmission," In Proceedings of the 2016 IEEE International Conference on Microwave and Millimeter Wave Technology (ICMMT), Beijing, China, pp. 5–8 June 2016.

[15] M. Nakamura, Y. Yamaguchi, M. Tsuru, Y. Aihara, A. Yamamoto, Y. Homma, and E. Taniguchi, "Prototype of 5.8 GHz-band high efficiency rectifier with a high breakdown voltage GaAs SBD," In Proceeding id the Institute of Electronics, Information and Communication engineers, Tokyo, Japan, Vol. 115, pp. 21–25, 2015.

[16] T. W. Yoo and K. Chang, "Theoretical and Experimental Development of 10 and 35 GHz Rectennas," IEEE Trans. Microw. Theory Tech., Vol.40, pp. 1259–1266, 1992.

[17] S. Hemour, C. H. P. Lorenz, and K. Wu, "Small-footprint wideband 94 GHz rectifier for swarm micro-robotics," In Proceedings of the 2015 IEEE MTT-S International Microwave Symposium (IMS), USA, Vol. I, pp. 5–8, 2015.

[18] H.-K. Chiou and I.-S. Chen, "High efficiency Dual-Band On-Chip Rectenna for 35- and 94-GHz Wireless Power Transmission in 0.13-μm CMOS Technology," IEEE Trans. Microw. Theory Tech., Vol. 58, pp. 3598–3606, 2010.

[19] N. Weissman, S. Jameson, and E. Socher, "W-Band CMOS On-Chip Energy Harvester and Rectenna," In Proceedings of the 2014 IEEE MTT-S International Microwave Symposium (IMS2014), Tampa, FL, USA, 2014.

[20] A. Etinger, M. Pilossof, B. Litvak, D. Hardon, M. Einat, B. Kapilevich, and Y. Pinhasi, "Characterization of a Schottky Diode Rectenna for Millimeter

Wave Power Beaming Using High Power Radiation Sources," Acta Phys. Pol. A 2017 131, pp. 1280–1284, 2017.

[21] P. He et al., "A W-Band 2×2 Rectenna Array With On-Chip CMOS Switching Rectifier and On-PCB Tapered Slot Antenna for Wireless Power Transfer," in IEEE Transactions on Microwave Theory and Techniques, Vol. 69, No. 1, pp. 969-979, 2021,

[22] H. Kazemi, "61.5% Efficiency and 3.6 kW/m2 Power Handling Rectenna Circuit Demonstration for Radiative Millimeter Wave Wireless Power Transmission," IEEE Transactions on Microwave Theory and Techniques, Vol. 70, No. 1, pp. 650-658, Jan. 2022.

[23] K. Fujiwara and T. Kobayashi, "Low-cost W-band frequency converter with broad-band waveguide-to-microstrip transducer," in Proc. Global Symp. Millim. Waves (GSMM), ESA Workshop Millim.-Wave Technol. Appl., Espoo, Finland, pp. 1–4, 2016.

[24] Y. Yamaguchi et al., "High power 303 GHz gyrotron for CTS in LHD," J. Instrum., Vol. 10, p. C10002, Oct. 2015.

[25] T. Saito et al., "Development of 300 GHz band gyrotron for collective thomson scattering diagnostics in the large helical device," Plasma Fusion Res., Vol. 12, p. 1206013, Mar. 2017.

[26] 高橋健介 , "GaN ショットキーダイオードを用いたマイクロ波電力整流回路の研究" , 徳島大学修士論文 , 2010.

[27] S. Mizojiri, K. Takagi, K. Shimamura, S. Yokota, M. Fukunari, Y. Tatematsu, and T. Saito," GaN schottky barrier diode for Sub-terahertz rectenna," Wireless Power Transfer Conference (WPTC), London, Jun.2019.

[28] T. Oishi, N. Kawano, S. Masuya, and M. Kasu, "Diamond Schottky Barrier Diodes With NO2 Exposed Surface and RF-DC Conversion Toward High Power Rectenna," IEEE Electron Device Lett. 38 pp.87-90, 2017.

[29] K.S. Champlin and G. Eisenstein, "Cutoff Frequency of Submillimeter

Schottky-Barrier Diodes." IEEE Transactions on Microwave Theory and Techniques, 26, 1, 1978.

[30] Garret Moddel and Sachit Grover. Rectenna Solar Cells; Springer Science: New York, 2013.

[31] A. Sharma, V. Singh, T. L. Bougher, and B. A. Cola, "A carbon nanotube optical rectenna", Nature Nanotechnology, Vol. 10, 2015.

[32] M. Alhazmi, F. Aydinoglu, B. Cui, O. M. Ramahi, M. Irannejad, A. Brzezinski, and M. Yavuz, "NSTOA-13-RA-108 Comparison of the Effects of Varying of Metal Electrode in Metal-Insulator-Metal Diodes with multi-dielectric layers", Austin J Nanomed Nanotechnol, Vol. 2(2), 2014.

[33] P. Maraghechi, A. Foroughi-Abari, K. Cadien, and A. Y. Elezzabi, "Observation of resonant tunneling phenomenon in metal-insulator-insulator-insulator-metal electron tunnel devices," Applied Physics Letters, 100, 113503, 2012.

[34] N. Alimardania and J. F. Conley, Jr, "Enhancing metal-insulator-insulator-metal tunnel diodes via defect enhanced direct tunneling," Applied Physics Letters, 105, 082902 (2014).

[35] N. Alimardania and J. F. Conley, Jr, "Enhancing metal-insulator-insulator-metal tunnel diodes via defect enhanced direct tunneling," Applied Physics Letters,105, 082902 (2014).

[36] K. Choi, F. Yesilkoy, G. Ryu, S. H. Cho, N. Goldsman, M. Dagenais, and M. Peckerar, "A Focused Asymmetric Metal–Insulator–Metal Tunneling Diode: Fabrication, DC Characteristics and RF Rectification Analysis", IEEE Transactions on Electron Devices, Vol. 58, No. 10, 2011.

[37] G. Moddel and S. Grover, "Rectenna Solar Cells; Springer Science," New York, 2013.

[38] H. C. Torrey and C. A. Whitmer, "Crystal Rectifiers," New York: McGraw- Hill, 1948.

[39] M. Aldrigo, M. Dragoman, M. Modreanu, I. Povey, S. Iordanescu, D. Vasilache, A. Dinescu, M. Shanawani, and D. Masotti, IEEE Transactions

on Electron Devices 65, 2973–2980 (2018).

[40] G. Jayaswal, A. Belkadi, A. Meredov, B. Pelz, G. Moddel, A. Shamim "Optical rectification through an Al2O3 based MIM passive rectenna at 28.3 THz," Vol. 7, pp. 1-9, 2018.

[41] B. Pelz and G. Moddel, "Demonstration of distributed capacitance compensation in a metal-insulator-metal infrared rectenna incorporating a traveling-wave diode" J. Appl. Phys. 125, 234502, 2019.

[42] A. A. Khan, G. Jayaswal, F. A. Gahaffar, and A. Shamim, Microelectronic Engineering 181, pp. 34–42, 2017.

[43] I. Z. Mitrovic, S. Almalki, S. B. Tekin, N. Sedghi, P. R. Chalker, and S. Hall, "Oxides for Rectenna Technology," Materials 2021, 14, 5218.

[44] D. Matsuura, M. Shimizu, Z. Liu, and H. Yugami, Applied Physics Express 15, 062001, 2022.

[45] C. K. Chong and W. L. Menninger, "Latest Advancements in High-Power Millimeter-Wave Helix TWTs," IEEE Transactions on Plasma Science, Vol. 38 (6), pp. 1227-1238, 2010.

[46] S. V. Samsonov, Igor G. Gachev, G. G. Denisov, A. A. Bogdashov, S. V. Mishakin, A. S. Fiks, E. A. Soluyanova, E. M. Tai, Y. V. Dominyuk, Boris A. Levitan, and Vladislav N. Murzin, "Ka-Band Gyrotron Traveling-Wave Tubes With the Highest Continuous-Wave and Average Power," in IEEE Transactions on Electron Devices, Vol. 61(12), pp. 4264-4267, 2014.

[47] H. Gong, Y. Gong, T. Tang, J. Xu, and W. -X. Wang. "Experimental Investigation of a High-Power Ka-Band Folded Waveguide Traveling-Wave Tube," in IEEE Transactions on Electron Devices, Vol. 58, No. 7, pp. 2159-2163, 2011.

[48] M. Field, T. Kimura, and J. Atkinson, "Development of a 100-W 200-GHz high bandwidth mm-wave amplifier," IEEE Trans Electron Devices, 65(6):2122–2128, 2018.

[49] S. Bhattacharjee, J. H. Booske, C. L. Kory, D. W. van der Weide, S. Limbach, S. Gallagher, J. D. Welter, M. R. Lopez, R. M. Gilgenbach, R. L.

Ives, M. E. Read, R. Divan, and D. C. Mancini, "Folded waveguide traveling-wave tube sources for terahertz radiation," in IEEE Transactions on Plasma Science, Vol. 32, No. 3, pp. 1002-1014, 2004.

[50] S. V. Samsonov, G. G. Denisov, I. G. Gachev, and A. A. Bogdashov, "CW Operation of a W-Band High-Gain Helical-Waveguide Gyrotron Traveling-Wave Tube," IEEE Electron Device Letters, Vol. 41, No. 5, 2020.

[51] G. Liu et al., "High Average Power Test of a W-Band Broadband Gyrotron Traveling Wave Tube," in IEEE Electron Device Letters, Vol. 43, No. 6, pp. 950-953, 2022.

[52] N. Kumar, U. Singh, A. Bera, and A. K. Sinha, "A review on the sub-THz/THz gyrotrons," Infrared Physics & Technology, Vol. 76, pp. 38-51, 2016.

[53] C. Liu, H. Huang, Z. Liu, F. Huo, and K. Huang, "Experimental Study on Microwave Power Combining Based on Injection-Locked 15-kW S-Band Continuous-Wave Magnetrons," IEEE Trans. Plasma Sci., Vol.44(8), 2016.

[54] X. Chen, B. Yang, N. Shinohara, and C. Liu, "A High-Efficiency Microwave Power Combining System Based on Frequency-Tuning Injection-Locked Magnetrons," IEEE Trans. Electron Devices, Vol.67(10), 2020.

[55] D. C. Watson, R. W. Grow, and C. C. Johnson, "A cyclotron-wave rectifier for S-band and X-band," IEEE Trans Electron ED-18(1):3, 1971.

[56] V. A. Vanke, V. L. Savvin, I. A. Boudzinski, and S. V. Bykovski, "Development of cyclotron wave converter," Abstracts of the Second International Wireless Power Transmission Conference WPT´ 95, October, Japan, 1995.

[57] X. Zhao, X. Tuo, Q. Ge, Y. Peng, "Research on the high power cyclotron-wave rectifier," Phys plasma 24(7):073117, 2017.

[58] B. Hu, H. Li, T. Li, H. Wang, Y. Zhou, X. Zhao, X. Hu, X. Du, Y. Zhao, X. Li, and T. Qi, "A long-distance high-power microwave wireless power transmission system based on asymmetrical resonant magnetron and cyclotron-wave rectifier," Energy Rep 7:1154, 2020.

索引

あ
アレイ化 ･･････････････････････ 110

い
異常発振 ････････････････････････ 61
インピーダンス整合 ･････････ 35, 75

え
遠方界 ･････････････････････････ 141

け
減衰定数 ･･････････････････････ 26

こ
コプレーナ導波路 ････････････ 30

さ
最大安定利得 ･･････････････････ 63
最大有能電力利得 ････････････ 63

し
実効面積 ･･････････････････････ 97
時定数 ･･･････････････････････ 50
周波数換算効率 ･･････････････ 52
小信号利得 ･･････････････････ 48

せ
絶縁破壊電圧 ････････････････ 50
接合容量 ････････････････････ 50

そ
ソースプル ････････････････ 68

た
大信号利得 ････････････････ 48

て
電力付加効率 ････････････････ 47

と
透過係数 ･････････････････････ 39
動作モード ･･････････････････ 65

特性インピーダンス ･･････････ 33
ドレイン効率 ･･････････････････ 47

は
パッチアンテナ ････････････ 102
反射係数 ･･････････････････････ 39
半値幅 ･･････････････････････ 93

ひ
ビーム収集効率 ････････････ 99
ビーム収集最大効率 ･･････････ 139
微細加工 ･････････････････････ 188
表皮深さ ････････････････････ 26

ふ
フィンライン ･･･････････ 191, 194
フェイズドアレーアンテナ ･･････ 142
フリスの伝達公式 ････････････ 99

へ
偏波 ･････････････････････････ 97

ほ
放射パターン ････････････････ 93

ま
マイクロストリップライン ････ 30

ゆ
有効開口面積 ････････････････ 97

り
利得 ･･･････････････････････ 95

れ
レトロディレクティブシステム ･･････ 142

ろ
ロードプル ････････････････ 68

C
CPW ･･･････････････････････ 30

F
F 級 ･･･････････････････････ 49, 65

G

Gain ·································· 58

K

K 値 ·································· 61

M

MAG ································· 63
MIM ダイオード ····················· 199
MSG ································· 63
MSL ································· 30

O

ON 抵抗 ····························· 50

P

P1dB ····························· 49, 58
P3dB ····························· 49, 58
PAE ································· 47
Psat ································· 58

S

S パラメータ ·························· 38

■ 著者紹介 ■

嶋村 耕平（しまむら こうへい）

1985 年生れ。2009 年慶應大・工・機械卒。2011 年東京大大学院新領域研究科修士課程修了。2014 年同大大学院新領域研究科博士課程修了。同年・筑波大学構造エネルギー工学専攻助教、2022 年東京都立大学システムデザイン研究科准教授となり現在に至る。主として宇宙推進工学と無線電力伝送に関する研究に従事。博（科学）。

松倉 真帆（まつくら まほ）［第 1 章、第 2 章、第 4 章、第 5 章、第 7 章 2 節］

1996 年生れ。2018 年筑波大学工学システム学群卒。2020 年同大学院修了。2023 年同大学システム情報工学研究群の博士後期課程修了（博士工学）。2023 年より特任研究員学振雇用 PD として東北大学工学研究科に所属、現在に至る。大電力密度のワイヤレス電力伝送研究及び推進機研究に従事。

菅沼 悟（すがぬま さとる）［第 6 章］

1995 年生れ。2018 年筑波大学工学システム学群卒。2020 年同大学院修了。2020 年ソニー株式会社に入社、2024 年よりセイコーエプソン株式会社に所属し、現在に至る。

溝尻 征（みぞじり せい）［第 3 章、第 7 章 1 節］

1995 年生れ。2018 年筑波大学工学システム学群卒。2020 年同大学院修了。2020 年日産自動車株式会社に入社、2023 年より株式会社 Pale Blue に所属し、現在に至る。名古屋大学未来材料・システム研究所の招聘教員を兼任。

エンジニア入門シリーズ

基本から学ぶマイクロ波ワイヤレス給電
回路設計から移動体・ドローンへの応用まで

2024年11月20日　初版発行

著　者　嶋村 耕平／松倉 真帆／菅沼 悟／溝尻 征　©2024

発行者　松塚 晃医

発行所　科学情報出版株式会社
　　　　〒300-2622　茨城県つくば市要443-14 研究学園
　　　　電話　029-877-0022
　　　　http://www.it-book.co.jp/

ISBN 978-4-910558-36-3　C2054
※転写・転載・電子化は厳禁
※機械学習、AI システム関連、ソフトウェアプログラム等の開発・設計で、
　本書の内容を使用することは著作権、出版権、肖像権等の違法行為として
　民事罰や刑事罰の対象となります。